U0340782

黄土高原黄河流域是红枣的原产区和主产区。数百万年来，红枣被原住民中华民族抽象、演绎成博大精深、内涵丰富的红枣文化，红枣文化又不断化育生生不息、衍衍不止的中华民族，形成民族气质、民族性格、民族精神、民族基本价值观……

有着红枣物理基因和红枣文化密码印记、被打上鲜红烙印的黄河文明乃至中华文明因此薪火相传、绵延不断，呈蔚为大观之势……

红枣与中华文明

RED DATES and Chinese civilization

王永勤 著

经济日报出版社

图书在版编目（CIP）数据

红枣与中华文明 / 王永勤著 .—北京：经济日报出版社，2021. 12

ISBN 978-7-5196-0973-3

Ⅰ. ①红… Ⅱ. ①王… Ⅲ. ①枣—文化—中国 Ⅳ. ①S665. 1

中国版本图书馆 CIP 数据核字（2021）第 229489 号

红枣与中华文明

著　者	王永勤
责任编辑	门　睿
责任校对	常　贺
出版发行	经济日报出版社
地　址	北京市西城区白纸坊东街 2 号 A 座综合楼 710(邮政编码：100054)
电　话	010-63567684（总编室） 010-63584556（财经编辑部） 010-63567687（企业与企业家史编辑部） 010-63567683（经济与管理学术编辑部） 010-63538621 63567692（发行部）
网　址	www. edpbook. com. cn
E - mail	edpbook@ 126. com
经　销	全国新华书店
印　刷	三河市华东印刷有限公司
开　本	710×1000 毫米 1/16
印　张	16
字　数	304 千字
版　次	2022 年 1 月第一版
印　次	2022 年 1 月第一次印刷
书　号	ISBN 978-7-5196-0973-3
定　价	95. 00 元

序一

说起家乡的果树，最出名的当然要数红枣树了。其他像桃树、杏树、梨树、苹果树、李子树、核桃树、桑树、木瓜树等，都远远不能跟枣树媲美。在我的家乡，没有哪一户人家没有枣树，没有哪一个人不是吃着枣儿长大的。毫不夸张地说，红枣深深地影响了家乡每一个人的日常生活。

年复一年，每当枣树长出新叶，迸出星星点点的黄绿色的花朵时，春夏之交的田间地头，山梁沟峁，到处都生机盎然；六七月间，一串串黄白色的小枣牙开始悬挂在翠绿的枝头，模样十分喜人。如果春季没有霜冻，夏季雨水充足，秋季红枣获得丰收就大有希望了。

阴历七月十五左右，家乡的红枣就开始从顶部泛红了，我们把这种刚刚开始泛红的枣儿形象地叫作"红眼眼"。枣儿根蒂部分是一个小圆圈，周围有一点点红晕，家乡人民的这个叫法可真是十分形象了。这个时候，孩子们开始急不可耐地收拾工具，成群结队地在向阳的山坡上搜寻早熟的红枣来吃。在我们那里，这个摘枣儿的工具还有一个专业的名称呢，我们把它叫作"落枣"。也不知道是孩子们自己的发明，还是大人们替我们想出来的办法，"落枣"具体的做法，就是采一枝高粱秆，削去了高粱秆的穗，劈开它长长的顶部节段，然后把劈开的部分的底部扎住，再用半个指节那么长的小棍撑开劈作两部分的节段，最后把顶部扎住。这样一来，长长的高粱秆就是一个天然的把手，它的顶部有一个呈细长菱形的小框，这正好用来够那高高地挂在枝头的红枣了。

摘枣儿是展示我们男孩子的勇气与胆量的时刻，小姐姐、小妹妹们一般会站在树底下，仰着头仔细地观察红枣的位置，指挥我们一帮男孩子向左向右。男孩子们则既要会爬树，又要会使用“落枣”去够那一个个的小红枣。这可是既需要勇气又需要技巧的活儿呢。“落枣”顶上形成的三角形正好夹住枣儿，这样精致的工具既不会伤着枣树，也不会误摘不成熟的枣儿，我至今仍然对我们祖祖辈辈流传下来的工具智慧赞叹不已。那个时候，无论谁家的枣树，孩子们都可以摘来吃，大人们并不在意，偶尔碰见了别人家的孩子在自己家的枣树上摘枣儿吃，也都只是嘱咐“要小心点，别摔着了”，从来不会呵斥孩子们。他们知道孩子们只是图个新鲜热闹，并不会祸害枣树，也不会浪费枣儿，毕竟，“红眼眼”的枣儿数量少且又不甜，我们都不喜欢吃它。

再过十天半个月，大部分枣已经从“红眼眼”成熟为“半腰腰”了，所谓“半腰腰”，就是指一个枣已经红到半身了。这个时候的枣儿已经比较甜了，孩子们会摘上一裤兜“半腰腰”枣儿回家来，或者煮了吃；或者让妈妈洗洗，然后和在窝窝头里吃；或者是炕在“猫洞洞”里熏着吃。呵！还有比这个时候的枣儿更好吃的水果吗？

等到枣儿通红通红的时候，枣儿一嘟噜一嘟噜地挂在枝头，红得像火一般，散发着甜甜的枣香味儿。这时正是秋收的季节，地里的庄稼都在等着往回收了，在我的印象中，大人们的心目中，似乎庄稼要比枣儿更要紧。大人们要赶在雨季来临之前把地里的庄稼收拾完毕，所以，记忆中有许多次，在雨季来到之时，家里的红枣还没有来得及打下来。

在连绵不断的秋雨中，大人们焦急地望着窗外，盼着雨快点停下来，可是，老天爷似乎特别不照顾我们。记得有一年，大雨接连下了三天，接下来又是连阴天，熟透了的红枣在树上裂开了缝，雨水从缝里渗进去了，用不了几天，红枣就开始烂掉了。烂掉的红枣像稀鼻涕一样惹人厌。大人们决定不要它们了，任它们在树下烂掉，看着那一地的烂红枣，真的是让人心疼不已。

然而，多数情况下，我们还是会抢在雨季来临之前把枣从树上打下来。大人们、小伙子们身强力壮，爬上树梢头，奋力地摇动树枝，成熟的枣儿像雨点一样洒下来，砸在人们的脑袋上，似乎也没有那么疼；妇女和儿童在树下捡拾枣儿，这真是乡村生活中最快乐的事情了。人们一边捡一边说笑，那才叫作丰收的场景呢！孩子们一边捡一边端详那些长得奇怪模样的枣儿，欢欣鼓舞。还有的枣儿连着树叶一起掉了下来，孩子们把这些枣儿扎成一串儿，回家挂在墙壁上，算是自己的劳动勋章吧。

晒枣儿的工作就没有那么好玩了，所以孩子们一般都不会插手这件事。大人们每天都会耐心地在院落里晾晒红枣，这个时候，村里家家户户的房顶院落一片红，枣香四处飘溢。我们把晒得软软的熟透了的红枣叫作“会墩墩”，家乡的人们都爱吃这样的枣儿。再晒下去，枣儿会变得干燥，这当然是为了方便保存，但是，至少对于我来说，我不喜欢吃太干燥的枣儿。

最后，大人把晒得半干的枣儿放在篮子里，然后挂在窑顶上，风干的枣儿可以保存很久呢。

冬天，大人们也会特别照顾枣树，他们会在距离树根约两尺的地方刨一个约两米的坑，里面倒上人畜肥料。春天来临的时候，他们还会锄掉树根下的杂草，平整翻松树下的土地。家乡人民都非常爱护枣树，这种爱护远远地超出了对其他果树的呵护。

在我的记忆中，家乡的红枣主要有四种：一种是伢枣，它个头儿比较小，但是很甜，要比其他品种的枣儿早熟一些；一种是木枣，它个头儿大，肉厚核小，产量很高，成熟的木枣也很甜；一种是团枣，它与前两种的形状不同，前两种是长椭圆形的，它是圆形的，味道也很不一样；还有一种就是酸枣了。在我们家乡，酸枣是野生的，长在悬崖峭壁上，印象中似乎只有放羊的叔叔们才会偶尔摘一些回来给大家品尝。因此，酸枣大部分都是自生自落、无人问津的。

早些年的时候，村里人从来都不售卖红枣，他们都是自产自销。每年的端午节、年节等重要的节日以及村民们在婚丧嫁娶的时候都会用到红枣。我们用红枣做成的美食有“稀煮”“枣糕”“粽子”“枣花馍”、等等，这些美食又都是在年度节日与庆典期间准备的，所以，红枣是我们家乡人民节日生活的必备食品。

王永勤先生乡土情结浓厚，对于红枣的记忆与情感尤其深沉，他积数年之功来研究人类围绕红枣而生发的相关文化传统，精神可嘉。这也引发了笔者对于家乡红枣树的记忆，相信这也是每一个家乡人民的经验与记忆，因为家乡的红枣养育了我们，告诉我们什么是家乡的味道，引发了我们对故乡的无尽思念。

兹为序。

王杰文

2020年寒假于北京

（**王杰文**，民俗学博士，中国传媒大学艺术研究院教授，芬兰赫尔辛基大学民俗学研究所访问学者。主要从事欧美民俗学、艺术人类学、表演研究以及日常生活研究等）

序二

研究红枣35载有余，红枣已入骨髓。说到红枣，总有一份暖意浓情在心头。去年，出差前往黄土高原深处的红枣之乡——山西，王永勤老师找到我，说要写一本关于吕梁红枣历史和红枣文化的书，我当即表示大力支持。后来几次深度交流，均相谈甚欢。王老师对红枣的热爱及对红枣文化研究的痴迷、执着和深入，令人感动。该书付梓之际，应王老师之邀，特写上几句，以为序。

枣树原产我国、历史悠久、全国驰名、国外稀有，是我国最具代表性的民族果树之一。枣与桃、杏、李、栗一起，并称为我国古代的“五果”。2000多年前的汉朝已大量栽培枣树。如今，枣树栽培面积已近3000万亩，产量居干果首位，成为约2000万农民的主要经济来源。在中华民族繁衍生息的漫长历程中，红枣是一个颇具根性、人性、灵性和食性的神奇存在。

红枣是具有根性的植物遗存。在中华文明的源头很容易找到红枣的基因和影子。黄土地孕育了红枣树，黄河水滋养了红枣果。枣树从野生到人工栽培数以万年计，叶片化石表明1200万年前枣树就已生长在中华大地。枣树适应性极强、分布甚广，易结果易采摘；枣果营养丰富、甘甜如饴，是先民们采摘为食的重要对象，以致渐渐地成为一种依赖性食品。久而久之，人们将其移植到庭院内，栽种于田野中。可以说，中华民族是在采食野酸枣、吃着大红枣的过程中不断进化和繁衍的。民以食为生，摄入的食品会自然而然影响到人的气质、品格和性情，成为隐形而深沉的基因传递。黄河流域是中华文明的源头同时也是枣树的原产地，红枣与中华文明同源，中华文明中融有红枣基因。枣的根性正是体现在了她的可追根溯源、可究根问底，是源远流长的风物遗存。

红枣是具有人性的物化载体。“天人合一”观成就了中华文明之大。中华先祖与大自然亲近友善，以仁者爱人的君子之风对待万事万物，将人性赋予诸多物种。枣树以其自强不息、为而不争、和谐美满的天性成为其中最具代表性、标志性的物种之一。中华民族擅于想象、长于塑造，有意无意中将自身性情付诸亲近之物。于是，枣文化广泛固化在民俗中世代相传历久不衰。祭祀时托枣问天寄予情怀，日常生活中取枣红色为正色并赋予吉祥之意，婚庆时放上红枣寓意甜蜜、幸福、早生贵子。枣颇有君子情怀，谨守君子之道，使人尊敬有加、亲善有加、呵护有加。

红枣是具有灵性的植物灵长。在纷繁芜杂的大自然植物园中，枣自成高格独具性灵。长期以来，探究枣的功效是人类持续进行的一大课题。具有灵性的红枣堪称物中极品。作为天然产品，颜色好、口感佳、营养价值高，又耐贮藏，即食即用；作为本草上品，它是最常用的中药引子，具有和胃养气、保健美容等功效；特别是富含环磷酸腺苷和三萜酸，在防控癌症上有妙用。随着红枣药食同源功能食品的不断开发，红枣的灵性将会得到进一步光大。

红枣更是具有食性的铁杆庄稼。在华夏农耕文明和枣树重要原产地的黄土高原，常常是十年九遇旱，庄稼十年九歉收，甚至是颗粒难收。枣树则在大旱之年仍能开花结果，成为人们保命救命的木本粮。在干旱贫瘠的土地上扎根生长，不求沃土、不择气候、根深叶茂、硕果累累，且可寿长千年，是当之无愧的铁杆庄稼。

小小红枣树，凝聚着满满的正能量，取之不尽、用之不竭。红枣的已知世界博大精深，未知世界神秘广阔。古往今来，从典故到诗词为红枣礼赞者数不胜数，但独立成书为其树碑立传者则并不多见，诚为憾事！生于黄土高原、长于红枣之乡的王永勤老师，历时几载，查阅古书籍、深入老枣区、走访枣专家，不辞辛苦，殚精竭虑，穿古越今，深思熟虑，终成《红枣与中华文明》一书，填补不少历史空白和研究短板，奠定了红枣文化研究的基础，意义重大而深远，诚令人敬佩。

让我们相约走进《红枣与中华文明》一书，在专属枣的时间和空间里，共探红枣之根脉，共悟红枣之境界，共赏红枣之神韵，共同畅享红枣与中华文明未来之壮美篇章。

刘孟军

2020年12月14日

（**刘孟军**，为河北农业大学中国枣研究中心主任、枣产业国家创新联盟理事长、国际园艺学会枣工作组主席）

序 三

红色是尘世生活中不可或缺的颜色，红枣是人们司空见惯的食品，枣树则是在我们黄土高原、黄河晋陕峡谷地带熟视无睹的树种——是的，因为“熟视”，所以“无睹”。

然而，在作者笔下，红色被赋予了鲜活的生命，成为有血有肉的情感归宿；红枣被还原了昔日的辉煌，成为黄土地的红色精灵；红枣和枣树站在了中华文化历史舞台的中央，成为中华民族溯根有源、传承有序的群体记忆和精神图腾。

作者的红枣“寻根之旅”是艰难的。“君看一叶舟，出没风波里。”几年来，他宵衣旰食、心心念念，踽踽独行、兜兜转转，把大量的精力花在红枣和红枣文化的研究上。他探寻的目光、求索的足迹遍布各个领域：植物学、物种学、中医健康养生、红枣文学作品、神话故事、民间传说、民俗学、家庭伦理学、中国古代哲学、马克思主义政治经济学、红枣市场分析，甚至还有战争与军事、食品加工、解剖学……“大胆假设”加上“小心求证”，每一场追寻都曾一厢情愿，每一个脚步都曾一进三退，一个独行侠的道路可想而知有多么辛苦。

然而，他的寻根之旅也一定是幸福的，当他终于找到了红枣的多元价值，特别是找到了红枣在缔造中华文明方面的特殊意义时，他也终于找到了属于自己的自信。

是的，当我有幸与他谋面，从他忍不住的滔滔不绝的叙述中，强烈地感受到这种发自内心的力量；从他坚毅笃定的眼神里，我读出了他对红枣的执念。正是这种对红枣的虔诚，使他在古今红枣的时光隧道里腾挪跳跃、穿梭闪烁，从一颗普通的红枣中窥到了黄河先民的童年幻影，发现了中华文明的源头活水，挖掘出民族精神的真正内涵，激荡起文化自信的洪荒之力。正是这种对红枣精神的透彻领悟，使他这些年义无反顾地去面对研究路上的所有困难，并把所有的心灵悸动、所有的理论成果都积累存储起来，转化为他继续前行的不竭动力。

我自幼生活在黄土高原黄河晋陕峡谷，自视对红枣有着深厚的感情，对“红枣精神”“枣树精神”这样的词语有一种与生俱来的亲近。所以当我有幸读到王永勤先生的《红枣与中华文明》这部书的时候，我一下子就被吸引，并且感动得一塌糊涂。我既不是研究红枣的专家，也不是研究红枣的学者，更不是经营红枣的商人，但被耳濡目染的红枣所感动，早前就写过《敬畏枣树》小文，有了这种感情铺垫，加之受该书所感染，自然就有撰写一点红枣的冲动。

在我的家乡石楼，很早就流传着这样一个说法，“千年的松、万年的柏，欲知古事问老槐。老槐说：不敢不敢，我的爷爷的爷爷，还是圪爬爬老枣树管的媒”。这当然是极言枣树之“早”，可见在树的世界里，枣树有着至高无上的“辈分”。而在王永勤先生的论述中，红枣更不独以“早”立身，而以其博大的胸怀、高远的境界，成为取之不尽、用之不竭的能量源。红枣的红，是王母娘娘的血，点染着人类的根脉传承；红枣的红，是关公的脸谱，承载着国人对忠诚正义的所有领悟；红枣的红，是天上的太阳，奉献给万物以无私的温暖；红枣的红，是洞房的红烛和墙上的窗花，寄托着人丁兴旺、家族强大的希望，是所有能给人正能量的意象的集中体现！

在王永勤先生的精神世界里，红枣树是一个至真至纯、至善至美的形象。尽管她不着华服、不施粉黛、不事谄媚，尽管她叶不争春、花不争艳、根不争肥，但是她从容自若、粗犷豪放，她坚定执着、顽强不屈，她在不知不觉中成为民族精神的一座丰碑，一面旗帜，一个梦想，一个灵魂。这种生于红枣、长于枣树、成于红色的坚定自信，绝不仅是王永勤先生一个人的“文化自信”，而应该是整个吕梁、整个山西，乃至全中国人的文化自信。

习近平总书记指出“要把优秀传统文化的精神标识提炼出来，展示出来；要把优秀文化中具有当代价值、世界意义的文化精髓提炼出来，展示出来”。王永勤先生通过为红枣树碑立传，深入挖掘红枣文化的当代价值，不断弘扬红枣文化，延续历史根脉，厚植家国情怀，培育民族精神，为中华民族伟大复兴凝聚强大的精神力量。这，或许就是这部书的当代价值，就是王永勤先生的不泯初心。同时，这部书也不仅仅有对红枣精神不厌其烦的论证，还有对红枣食品、红枣加工和销售等方面内容的详尽推介，不失为一部荟萃红枣专业知识的科普读物。当然，诚如作者所言，“红枣的已知世界博大精深，红枣的未知世界神秘广阔”，关于红枣，我们也期待在王永勤先生的启发鼓动下，会有更多的人写出更多研究红枣和红枣文化的作品来。

最后，我还有一个小小的心愿，就是希望这部书能唤醒更多热爱红枣、崇尚红枣精神的人士，带着对红枣和枣树的敬畏之心，在红枣精神的激励下，脚踏实地地研究当前红枣品质下降的气候原因、环境原因、政策原因、市场原因，把红枣品质提升和市场回暖作为一个社会系统工程，诚心诚意地去破解各种难题和困局，让红枣产业像红枣树在千年万年里走过无数次艰难坎坷一样，迅速跨过眼前这道“坎”，再次获得新生，笑傲江湖，让红枣精神重放异彩！

宋小泉

2021年2月1日

（**宋小泉**，山西石楼县人大常委会副主任）

前言

红枣对于黄河晋陕峡谷红枣原产区枣农和主政一方的地方领导来说有着一种特殊情结：既因其博大精深、内涵丰富的历史文化是中华文明的重要组成部分原因使人心怀崇拜；又因其功能多、药食属性是支撑枣区的“四梁八柱”产业原因使人心怀感恩；还因其成熟期极易受降水、销售时受市场等影响难以承担经济发展重任原因使人心怀担忧。总之，红枣既是人们倾注大量心血、寄予无限期望，能带来乡愁情愫的神圣物品；又是令人提心吊胆、无时无刻牵挂，稍遇不利情况就会影响枣区、枣农收入的经济作物。这种复杂心情和矛盾心理，从侧面说明了红枣在当地人心中的分量！

近年来，由于市场变化形成的红枣“售难”现象呈愈演愈烈之势。因此，即使红枣成熟，枣农也无心采摘，以致在大地萧瑟、万木枯萎的严寒季节，漫山遍野枣树上仍挂着红枣，出现“一片飘红”的独特风景，令人唏嘘、感叹、心酸！有感于此，萌发写书念头，欲从侧面解决“售难”问题。

按道理，从功能性状上来说红枣和世界上的一些水果相比有优势，加工出来的各种红枣制品充分吸收红枣成分，具有各种保健功能，更加具有优势，可为什么还会出现“售难”现象呢？我的分析是，由于宣传口径不一、解释不到位，对红枣道地性、功能性认识不足，影响了消费；对红枣开发不够，无法满足丰富多样的市场需求，减少了消费；

对红枣文化挖掘不深，文化氛围不浓，自觉消费意识不强，抑制了消费；等等。在挖掘产品文化方面，法国葡萄给予我们很多启示。法国葡萄利用酒庄文化使葡萄资源利益最大化，给世界人民提供了营养保健饮品、满足了消费需求同时也繁荣了法国经济。这些便成了我写作此书的初衷，于是开始思考红枣文化。

那么，红枣文化究竟是什么？怎么来的？结果又如何？我这样梳理。因为以人化文，所以肯定与人有联系。既然有人，相应也应有人类赖以生存的自然环境和用于果腹的粮食作物。自然环境和粮食作物就成为最早进入人类生产、生活的对象。根据文化生成规律，人类进化到具备生发文化的生理条件后，在生产劳动过程中将须臾不离、息息相关的生产、生活物品对象抽象总结便形成文化。显然，自然环境和粮食作物就成为人类最早的文化对象，就成为人类原始文化的重要来源。文化形成后又不断化人，促进了文明的孕育和成形，所以自然环境和粮食作物也成了文明的构成成分和材料来源。依此可推断，一是自然环境、粮食物种、人类是构成文明形态的基本元素；二是因人类追物而徙、逐食而居，所以野生粮食的分布区域可能就是文明的孕育区域；三是原始粮食物种是最原始文化对象之一，也应是文明的原始成分和构成材料之一。对于中华文明来说，黄土高原黄河流域就是中华文明的摇篮和发祥地。那么黄土高原黄河流域自然环境下孕育的原始粮食物种并用于该片区域原住民中华先民果腹的粮食作物究竟是什么呢？根据专家研究，酸枣有物可证至少在1200万年前就生长在黄土高原黄河流域、吕梁山区、太行山区等区域。也就是说，酸枣是早于中华民族生存在该片区域的。酸枣是“木本粮食”“铁杆庄稼”，发热量几乎与米面相同，具有粮食功能。加之酸枣色彩鲜艳、采集方便、吃食随意，应该是陪伴黄土高原黄河流域中华先民尚在猿人直至进化成智人等人类进化各阶段第一时间采集的野生粮食之一。综合以上因素，酸枣就是中华先民最为原始的粮食物种之一。如果按照上面推断，酸枣就是中华民族最为原始的化文对象之一，当然也是中华文明的原

始成分和构成材料之一。随着时间推移，酸枣自身不断变异，也被中华先民不断驯化、培育，酸枣就演变成现在统称的红枣了。我们具体来说，红枣化文、化人过程是这样的。中华先民在采集红枣果腹、吸收其物理基因的同时，又不断总结红枣自然生产生活特点，摸索红枣生长规律，体验红枣功能价值便形成红枣文化，就形成了中华民族最早的一种文化。红枣文化一经形成便发挥着以文化人功能，久而久之影响渗透、被人借鉴吸收，从而使红枣特点人格化、红枣功能价值化、红枣属性精神化。长期以来，红枣物理基因、红枣文化交相作用于中华先民，不断投放到中华先民心里，积淀、沉淀，固化成中华民族气质、民族性格、民族精神、民族价值判断标准，最终催生中华先民生存的区域——黄土高原黄河流域形成黄河文明，后来又汇聚其他文明成果，形成浩浩荡荡绵延五千年的中华文明。这就像心理学上的首因效应、即人类对认知对象最初获得的印象比较深刻一样，最早进入其生产生活视野的酸枣印象也就比较深刻。后来，中华先民把上述转化过程还总结为“比德”，即人通过总结某种自然物属性并借鉴比附，从而使人自然属性化的“以人化文”“以文化人”过程。通过这样梳理，我们不仅找到了中华先民、黄河文明和红枣之间的特定关系，找到了三者之间联系的路径和打通路径的方式，而且还找到了红枣文化化育中华先民最终形成的结果。那就是：红枣生存时间长、生长环境恶劣、生命力顽强旺盛的自然生理习性特点，就像中华民族经历过各种坎坷仍绵延五千年一样；红枣靠嫁接延续生命、中华文明靠嫁接汲取新的前行能量，二者都显示出兼收并蓄、海纳百川、开放包容的共同气质；红枣当年挂果、挂果率高的生活习性与“枣”谐音结合，变成婚俗“早生贵子”“多子多福”内容，演变成自强不息、不屈不挠、勤劳勇敢、吃苦耐劳的中华民族民族精神。红枣文化影响中华民族还形成特有的思维方式和行为习惯，风土人情和风俗习惯，概念形成和命名方式等。比如，中华民族话语体系中类似红枣的色彩被称为枣红色；俗语中“红花还需绿叶配”类似于红枣的色彩搭配结构；该区域大量地名用红枣

命名；该区域人的味蕾特点偏向于红枣的微酸口感。特别是婚俗中用红枣代表繁殖生育作用最终催化中华民族走上世俗化道路……以上这些可以说是中华民族之所以是中华民族的身份标签或辨别色彩，也是中华民族屹立于世界民族之林的看家资本。这还仅仅是从源头上找到的一部分内容，至于后来红枣文化随着发展拓展、流变出不少新内容，则都是和中华民族在发展过程中和鸣共振的结果。比如红枣文化发展到后来变成不怕牺牲、勇敢革命等内涵，而这正是当时中国革命所需要的。依照上述内容，可以这样认为，红枣是构成中华民族民族精神的原材料之一，是中华文化的根脉之一，是涵养、滋养中华文明的养分之一。红枣文化为中华民族培根铸魂，催生、哺育、支撑了中华文明。

如果说上面是顺着红枣文化的发生、发展脉络寻找红枣与中华文明之间特定关系的话，那么我下面逆着从成熟了的中华民族精神风貌核心表现中，寻找构成民族精神的源头材料与红枣的关系。有人总结中华民族精神是：自强不息、厚德载物的追求精神；宁折不弯、刚强不屈的反抗精神；海纳百川、包容开明的开放精神；坚韧不拔、吃苦耐劳的奋斗精神。张岱年总结中国精神为“爱国报国、自强不息、厚德载物”，他说:“爱国报国是出发点，自强不息是钢铁意志，厚德载物是价值取向。”习近平总书记指出:“自强不息、厚德载物的思想支撑着中华民族生生不息、薪火相传……”等等。这些精神，有的直接与红枣自然生活习性特点相吻合，有的通过红枣文化千百年演变、发展而来，总之与红枣都有着千丝万缕的联系，说明中华民族思想、民族精神、民族价值观的成分中有大量红枣元素。总结顺、逆两方面线索，都集中指向说明了红枣在孕育中华文明中发挥了特殊作用。我把这些总结概括为：红枣是什么，一颗红枣孕育了一种特色文化；为什么这样说，一种文化催生了一缕文明曙光；表现是什么，一种文化构筑起一种民族精神。依照此我得出结论，中华民族是吸吮着黄河母亲的红枣养分茁壮成长的。所以说，一颗红枣孕育了中华五千年文明！正由于红枣是中华先民早期吃食的重要粮食作物之一，也是最早化育中华民族的文化之一，又是孕育中华文明的主要材料之一，所以它与中华文明虽是不同类型事物，但表现方式和结果一样。主要包括三方面内容：一是二者基本精神内核一致；二是二者表现方式吻合，体现在二者吸收能量和输出能量的方式一样；三是二者发展节奏匹配。在符合事物发展规律的同时，又表现出她们共同独特性。如中华文明发展中的分分合合、兴衰交替，红枣自然生长发育过程中的枯荣变化，等等。

归纳以上，之所以说红枣与中华文明一致是基于以下三个原因：一是从心理学上的首因效应理论、红枣是第一时间进入中华先民视野的自然界事物，相应影响就大；二是从当前中华民族的各种表现看，二者是最为相似和接近的；三是从历史纵向深度、断面维度、影响深刻度等诸方面看，红枣的作用是最大的。

以上我们充分肯定了红枣在孕育中华文明中的作用。实事求是讲，如果单从粮食角度分析，由于红枣本身特点——人类吃食需求量不大，红枣确实不如史学界、文物学界公认的粮食作物粟和稻作用大、价值大、地位高。这有出土的与粟和稻有关的大量实物文物为证。但如果把红枣放在文化历史长河中考察，在文明孕育中独特作用的优势就体现了出来。一是从作物的原始性上看，红枣要比粟、稻早，中华先民食用早，形成的文化早，以文化人也早。二是从作物文化的丰富性上看，红枣文化要比粟、稻文化繁荣得多。红枣文化是从远古以来直至现在，溯根有源、传承有序、脉络完整、线索清晰的一条文化发展线路，内容涉及方方面面。三是从作物文化的影响性上看，红枣要比粟、稻深刻得多。民族精神构成成分中有大量红枣元素，红枣文化滋养、涵养了中华思想并形成了独特的民族价值观。四是从作物文化辐射面上看，红枣要比粟、稻宽泛得多。红枣种植区域不像粟、稻以长江为界，泾渭分明，可以说遍布大江南北、黄河东西，相应红枣文化影响区域也大得多。同时红枣文化影响中华民族面宽，渗透到许多环节中，体现最为明显的是中华民族的庞杂婚俗礼节、仪式体系。正像历史学

家徐炳昶“历史（传说材料）的原始形态……保存在传统的风俗习惯”一样，而这又影响中华民族形成独特的思维、价值观体系并形成明显的世俗化特征倾向。综上，红枣在中华文明孕育中来源于粮食功能，但核心体现在文化价值上，起到了为中华民族构建精神、引导航向作用。所以说红枣既影响了中华民族的思维，也影响了行为；既影响外在表现，也影响内心灵魂；既显现在日常习惯中，也积淀到心灵内容上。

以上基本事实都说明了红枣与中华文明之间有着深厚的渊源。但令人遗憾的是，红枣并未享受到类似粮食作物粟、稻一样的地位和得到应有的评价。究其原因，我觉得与红枣自身特点——人类需求不多，采、食方便，相应辅助工具实物少，相应文物少，等等有关。但研究中华文明的角度偏颇也是重要原因。千百年来，特别是20世纪以来，中华文明只注重在“区域”和“时间”上研究，而忽视在“来源（内涵）、构成成分”上探究；只是“就事论事”式研究，而忽略“刨根问底，追根溯源”式研究，实际上就是只研究“是什么”，没有研究“为什么”，形成了只知“其然”不知“其所以然”的片面结果。比如：人们都知道中外文化差异明显、流向不同，中外民族思维方式、行为习惯迥异，但不知为什么会“差异明显、流向不同”，“迥异”根源在哪，等等。还有中华文明研究者总把中华文明形态定位为农耕文明。从成熟文明形态上看是正确的，但历史地看是不全面的。实际情况是，中华文明历史在农耕文明之前尚有十分漫长的没有工具和火、茹毛饮血的采集狩猎阶段，而且有学者认为在漫长的采集阶段已创生文明，文明核心在这个时期已经形成。如果按照这种观点，时间上前推，寻找采集阶段时的粮食物种，让区域和物种匹配，按图索骥、对号入座就能寻找到中华中华先民最早的食物，相应也能找到最早的中华文化，就能找到构成中华民族精神的主要原材料——毫无疑问这就是红枣！从红枣与中华民族精神特质一致性情况看，可证明这种判断是有道理的。显然，由于只注重在区域上研究，或者割断历史，使溯源中断，红枣元

素就显示不出来，致使红枣在中华文明中的作用和地位就被掩盖和忽略了。除此之外，在中华文化来源上定位不当也是影响因素。提起中华文化，人们老习惯地认为是西周、春秋、战国时定形成熟。这个命题本身没有问题，关键是禁锢了人们的思维，致使千百年来研究者总是在解释阐述上述时期形成的经典文献上下功夫，没有在这些经典文献形成的来源上细探究。而事实上早在西周之前的漫长历史时期，一些神话传说、礼仪、婚俗已大量地约定俗成，红枣补血属性和形象特点代表婚俗和婚俗中女性的一方，在母系民族时期就已形成并盛行，极大地影响了后来的文化并基本左右了中华文化世俗化流向，为后来西周等时期的文化形成、成熟奠定了坚实基础。所以，从源头角度说应当溯根到红枣文化上。所谓“参天之木，必有其根；怀山之水，必有其源”就是说的这个道理。所以，红枣文化是中华文化的根脉文化、源头文化，基本左右中华文化几千年流向。从中华文化独步天下、独一无二的理念、智慧、气度与神韵、红枣的原产地地域属性和红枣文化精髓的趋同情况可证明这种判断是正确的。红枣原产区和中华文明摇篮区重叠，红枣文化发育区覆盖中华文明发祥区的事实情况也可从侧面证明这种判断的正确性。依上，定位偏颇，禁锢了思维，一味皓首穷经、微言大义过度解读经典，忽略挖掘来源，寻找源头，导致红枣文化被遗弃和丢掉了。还有一个原因属于研究方法方面的。长期以来求证历史运用的方法是“文物＋文献”办法。这种方法有失偏颇，有时难以找到历史的本来面目。历史从来不是史实和考据的简单堆砌，有好多历史真相在民族记忆、民族密码和民族精神的抽象印象中体现，或在一些民俗礼节仪式、民俗节日等无形中传承。如果探究这些历史，生搬硬套用“文物＋文献”办法，就难以找到真正历史。而探究这种历史的适用方法我认为应采用在“文物＋文献”基础上合乎逻辑的推理方法。比如我们说红枣影响中华民族程度深、中华民族精神有红枣元素，就应该用红枣本身自然生活习性特点和千百年来形成的红枣文化产品对中华民族的影响上求证，或者反过来在整个民族精神状态、

风貌特点和红枣的关联度上用相互印证办法求证。由于方法单一，就没能找到源头红枣粮食，红枣作用就被削弱和埋没了。本书创新文明内容和方法研究，不仅填补了中华文明研究领域空白，而且真正找到了中华文明的原材料和主干流，恢复了红枣的本来面目，给予了红枣应有历史地位。

尽管如此，我还有些诚惶诚恐。因为填补数千年历史命题内容需要严谨的学术求证和大量的证据支撑，我认为本书达不到上述要求，所以把该书仅定位为介于学术和通俗、科普和文化之间的一本普通读物。其目的仅是在讲述红枣故事、述说红枣文化时代价值的同时，让读者扩充一点知识、提高一点启迪、增加一种研究选择而已，综合起来起一种抛砖引玉作用。需要说明的是，本书所说“文明”是泛指，非西方语境，即所谓“文字、城市、青铜器”标准下商朝以后的中华文明。一是因中华文明特色鲜明，有自身独特的发展节奏和路径；二是早在西方语境确定的“文明”标准、确定的文明时间之前，红枣民俗、婚俗等文化现象业已形成，这些创生文明的元素已大量存在，所以有学者就认为这些时代已创生文明。如果单纯以西方标准判断，拘泥于固定范式认同，中华文明孕育时间被减少不说，还会掩盖文明形成真相，找不到真正孕育中华文明的根源所在！退一步说即使按西方标准，中华文明在商朝之前已经出现。比如确定文明的标准之一文字的出现。近年来考古发现了河南舞阳贾湖文化遗址刻符，据专家分析可能就是甲骨文的雏形。这足以说明中华文明时间比商代要早得多。再退一步说，也许历史仍然在尘封中，仍然无法知道真相。另外，本书所指文化也是狭义文化，是在一定历史阶段物质生产方式基础上发生和发展的精神生活形式的总和。著名学者、北京大学中文系教授金开诚对此的定义是，“文化是对具有一定社会共同性的思想意识、价值观念和行为方式起引导或制约作用的各种集体意识所形成的社会精神力量”（金开诚:《传统文化六讲》，北京出版社）。这些情况实际上是告诉读者阅读本书时多一些宽容和包容，既不要当严肃学术著作看待，也不要用

固有范式标准框定。

中国人民大学、中国传统文化研究中心副秘书长姬英明认为："八千年中华文明源远流长，传承发展过程也比较复杂。有非常多的遗址，都和当地民间传说有无可比拟的契合。遗址在没有发掘前，都在祠庙或地名等中有形传承，还有在一些地方民间故事或纪事等中无形传承。"北大考古文博学院院长、博士生导师孙庆伟认为，历史记忆可以是真实的，也可以有想象的成分（2019年6月16日孔学堂传统文化公益讲座703场暨考古系列讲座）。考古学界也有说法："考古学的魅力在于以实物勘察为基础发现想象中的历史。"这些告诉我们，很多历史开始于想象或是有想象成分，而验证这些历史所适用方法除运用"文物＋文献"外，还要用推理办法求证。本书的目的就是在"大胆假设"、在不断讲述红枣故事不太严谨求证的同时，也用推理方式"小心求证"，并企求有重大发现，从而验证"想象历史"，还原历史真相，使作者的假设成为事实，合乎逻辑推理求证方法也成为寻找有效证据或使假设成为信史的有效方式。

这里补充说明两个情况。一个是为了求证"五千年文明史"，国家于1996年启动"夏商周断代工程"。2000年《夏商周年表》正式出台和稍后《夏商周断代工程：1996—2000阶段成果报告》（简本）正式出版，标志着"五千年文明史"说法得到了诠释和证实，"夏商周断代工程"有了阶段性成果。与此同时，这一成果一直就广为质疑，认为依靠天文推算时间不准确、以《竹书纪年》为依据不科学，以致不能充分证明中国文明史由商前推到夏（前2224—前1766）。于是有学者认为，该工程从基本层面上讲，是一个不合格的工程，原因主要在于生硬地证实"五千年文明史"。我认为，所谓"生硬"，就在于生硬地设定议题，生硬地套用方法，生硬地寻找依据。也许还未发现实物依据，也许根本不存在相应实物。如果一味用此方法，至少目前还难以推断。这是否在告诉我们，历史真相固然要以"实物＋文献"为基础验证，但也存在局限性，应换个角度研究求证，或者说应进一步拓展、丰富求证手段。那么不妨用“实物＋文献＋推理”方法。也许换个方式、多种途径求证可能会得出更加接近历史真实和本来面目的结果来。

另外一个情况是，“文物遗产保护利用”是国家重点研发计划“重大自然灾害监测预警与防范”重点专项中的专题任务。国家科技部拟安排国拨经费2.54亿元“建构中华文明形成过程、完善证据链”落实文明探源专门项目。其中“中华文明探源研究（2019—2022）”项目要求：“建构中华文明形成过程、基本态势和发展流变的时空框架”“完善多重证据链认证”；“利用现代科学技术精确判断、解析重大环境事件对文明进程的影响；阐释生业发展对文明起源经济基础和上层建筑的作用”“建立文明起源重要遗物标本库，构建文明特质研究的数据分析模式”等等。这仅是从科技部门的职能提出的项目规划。从研究的角度说无可厚非，也是必需的，但从“夏商周断代工程”研究教训看还不尽完善。社科界也应从自身角度提出适用的研究方法和规划，从文明、民族精神的构成材料上探源。本书或许就是从这些方面给研究中华文明者提供一个新的视角，打开一扇新的窗户。

习近平总书记指出，“要讲清楚中华优秀传统文化的历史渊源、发展脉路、基本走向，讲清楚中华文化的独特创造、价值理念、鲜明特色”，要把优秀传统文化的精神标识提炼出来、展示出来；要把优秀文化中具有当代价值、世界意义的文化精髓提炼出来、展示出来；同时，引用魏征《谏太宗十思疏》“求木之长者，必固其根本；欲流之远者，必浚其泉源”论述要求寻找中华文化、文明源头材料。通过上面论证红枣与中华文明之间深厚渊源的特定关系，可以确认传承有序、溯根有源、脉络完整、线索清晰的红枣文化应该就是中华优秀传统文化标识之一！红枣文化就是中华文明源头材料、源头活水。本书就是以此为宗旨，用讲故事方式寻找求证。同时，希望深入挖掘红枣文化的时代价值，不断发扬光大红枣文化，延续历史文脉，坚定文化自信，厚植国家情怀，培育精神家园，弘扬民族精神，为实现中华民族伟大复兴的中国梦凝聚精神力量。需要说明的是，本书引用了大量专家、学者观点，尽管持商榷态度，但不失我对这些专家、学者的尊重，我的观点深受了他们的启发。可以说，我的观点是他们观点的一种延伸。

在形式上，本书力求体现“通俗性、知识性、趣味性、文化性”特点。“通俗性”就是老少皆宜、雅俗共赏，让读者容易理解；“知识性”就是科普红枣知识，让消费者全面了解红枣的习性、特点、功能、营养价值等；“趣味性”就是增加可读性，让科普文化书籍通俗化、平民化、普通化；“文化性”就是挖掘红枣博大精深、内涵丰富的文化，增加红枣产品的文化魅力，带动消费者在文化氛围中自觉消费，通过对物化产品品鉴体验提升消费者文化修养。通过以上手段，助力解决红枣消费疲软的“售难”问题，为千百万枣农解决贫困尽一点绵薄之力。

本书也一直想让消费者从对红枣认识固化思维中解放出来，重新认识红枣功能价值。采用比较法，选取世界上和红枣有可比性的水果做对比；对原产品进行比较，也对加工品进行比较；在管理手段方式上比较，也在生长区域上比较。本书不厌其烦地介绍了红枣的物理习性、生长规律特点、加工品的价值等，不仅是功能介绍的需要，也是铺陈、点缀、挖掘红枣文化的需要，是红枣文化内容的合理组成部分。

从思考红枣“售难”形成原因入手，在挖掘红枣深层文化上下笔，用文化视野观察红枣，在历史纵深、广大区域中探寻红枣，最终得出中华文明与红枣有关的结论，这就是本书的相关内容。通过探源知道了红枣之于人的作用，并进一步扩散开来说明敬畏红枣，坚持弘扬以红枣文化为组成内容的民族优秀传统文化和弘扬以红枣文化为构成成分的民族精神的必要性。

CONTENTS

上编 红枣文化

目录

CONTENTS

下编 红枣及加工

目录 CONTENTS

上编
红枣文化

第一章 红枣探源

黄土高原黄河流域红枣（刘生锋摄）

红枣树是生长在温带地区的小乔木、珍稀灌木，树干高达10余米，树皮呈褐色或灰褐色，长枝红褐色，呈“之”字曲折，叶柄长1—6毫米。红枣是红枣树的果实，又名大枣，属于被子植物门、双子叶植物纲、鼠李目、鼠李科植物。红枣长圆形或长卵圆形，成熟时红色，后变红紫色，果皮薄，肉质厚、味甜，核两端锐尖。花期5—7月份，果期8—9月份。根、皮、果、叶均可入药。《辞海·枣部》写道，“枣，果木名，属李科，落叶乔木，直立或钩状刺。叶长卵形，基部广而偏斜，三出脉。托叶呈刺状，永存枝上。聚伞花序、生于叶腋内，花小黄绿色，有花盘、多蜜。核果长圆形，鲜嫩时黄，成熟后紫红色。用分株嫁接等繁殖。果供食用。木材坚硬，可供雕刻或作车船家具等”。

红枣以果实肥硕、色泽红艳、肉厚核小、质地细密、含糖分多、富有营养、久储不坏而著称。红枣是深受中国百姓喜爱的五果（李、栗、杏、桃、枣）之一，《齐民要术》《农政全书》等书将红枣列为五果之首。红枣药食同源。《医学入门·本草》等医学书籍认为红枣是中药，同时，民间认为红枣是粮食，故有“铁杆庄稼”“木本粮食”之别称。明代医学家李时珍总结说红枣“熟则可食，干则可脯，丰俭可以济时，疾苦可以备药，辅助粮食，以养民生”。（明·李时珍：《本草纲目》，北京联合出版公司2014年版，第283页）。红枣最突出的特点是维生素含量高，有“天然维生素丸”美誉，因而俗语云“日食三颗枣，长生不显老”。

第一节　红枣区域探源

“一方水土养育一方人”“一方水土孕育一方物种”说的是人和物种与其生长区域气候土壤、地形地貌、山川河流等自然环境有密切关系。所以了解红枣、认识红枣，首先要了解它的生长区域、生长环境和生长历史。知道区域也就知道了它的生长习性，知道了生长习性也就能大概了解它的功能特点，知道了它的生长历史也就能知道了它的发

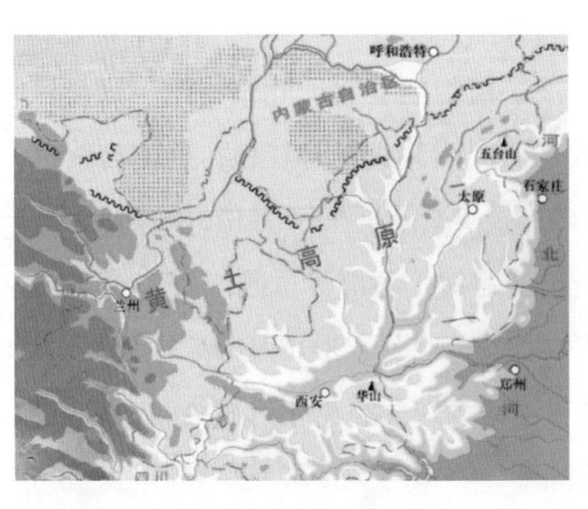

黄土高原区域

展过程。现在，我们就从区域和历史两条线上探源红枣，在揭开红枣“庐山真面目”的同时，揭示红枣与人之间的历史渊源关系。

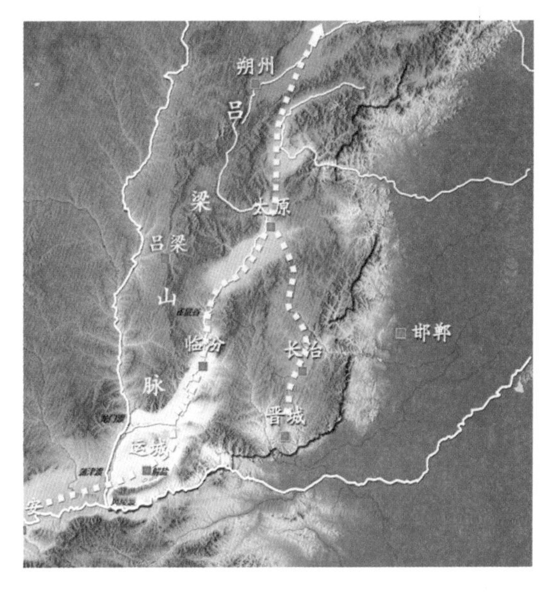

黄土高原酸枣原产区域

红枣是由野生酸枣驯化、培育而来，酸枣是原产于中国的特有品种。世界著名植物学家德堪多尔（瑞士）、菊池秋雄（日本）、伯纳德（法国）、柴尔德（英国）、曲泽洲（中国）等多数学者都认为酸枣起源于中国。还有一个史实可从侧面说明红枣起源于中国。中国最早文字记录关于红枣的书是《诗经》，比国外第一次文字记载红枣的书罗马时代赛坤杜斯《自然历史》早10个世纪。酸枣又有棘（《诗经》）、樲（《尔雅》）、山枣（陶弘景《本草经集注》）、野枣（任防《述异记》）等不同时期的不同称谓。《中华枣文化大观》一书说，“根据闫桂军等1984年对74个枣品

野生酸枣

种和20多个酸枣类型的染色体数即染色体核心的对称性观察研究、张凝艳1987年对酸枣与枣过氧化物同工酶谱研究、李树林1986年对酸枣和枣的花粉壁穿孔及厚度等研究”都说明酸枣和红枣在生物学和形态上特征类似。二者树体形态相近，都能长成乔木；果型相似，都有柱形、椭圆形、扁圆形等形状。同时，酸枣和红枣之间有过渡变型果，如甜溜溜、老虎眼、牛奶子等比酸枣果大、肉厚、味酸甜，但又不如红枣的过渡型枣果。酸枣和红枣的萌芽时间、现蕾时间、开花时间、落叶时间基本相同。花芽都是当年分化当年开花，分化速度快，整个花期长，果实发育都呈单曲线特征。这些都说明酸枣和红枣是同一属类，酸枣是红枣的野生种。“一般认为，根据野生种群的地理分布就可以推断出其栽培树种的原产地”，因“酸枣主要分布在我国北方黄河流域、吕梁山、五台山、太行山等山区”，所以可推断出黄土高原黄河流域晋陕峡谷区、晋陕豫三角区、吕梁山、太行山等区域就是红枣的原产区域（周沛云、姜玉华:《中国枣文化大观》，中国林业出版社2003年版，第1页）。对此，史书上也有记载。比如，春秋战国时辞书《尔雅》“洗大枣，今河东猗氏出大枣，子如鸡卵”，汉代《神农本草经》“酸枣……生川泽，名医曰‘生河东’”，这两书中的“河东”就是指现在山西运城和临汾，也有指山西全境的。比如：清代顾炎武在《日知录》中说:“‘河东’，山西一地也。唐之京师在关中，而其东则河，故谓之‘河东’”。《山海经》中记载:“騩山有美枣”，“騩山”就在河南具茨山，现改名为始祖山。从以上可知，红枣是由野生酸枣变异、驯化而来，黄土高原黄河流域就是红枣的原产地区域。如按现在的行政区划，红枣的原产地就在山西运城、临汾、吕梁、长治，陕西延安、榆林，河南三

门峡、郑州等地。需要说明的是，本书所指黄土高原黄河流域晋陕峡谷区、黄河晋陕豫三角区、吕梁山、太行山等区域既是地理概念，也是历史概念。历史上该块区域因地域相邻、环境相似、资源相近、人文相亲，因而往往以一个整体概念呈现，是中华文明的摇篮和发祥区域，是中原文明区或中华文明核心区。

黄土高原包括黄河晋陕大峡谷、黄河晋陕豫三角区等主要地理环境区。根据地质学家研究，黄土高原是第四季冰期在冷气候条件下风吹扬搬运分选的堆积物。经过长年累月搬运就形成了南倚秦岭、北抵阴山、西至乌鞘岭、东达太行山，世界最大、最厚的黄十堆积区。黄河从发源地一路奔流而来到内蒙古河口镇被吕梁山阻碍转而南下直至山西禹门口。这段黄河左带吕梁、右襟陕北，深切于黄土高原之中，形成黄河干流上最长的连续峡谷——晋陕大峡谷。该峡谷全长725公里，面积达11.16万平方公里，谷深皆在100米以上，谷底海拔高度由1000米逐渐降至400米以下，河床最窄处如壶口仅30—50米。黄河出晋陕峡谷至禹门口，河面豁然开阔，水流平缓。黄河至潼关在河南黄土高原黄河段与山西、陕西交界处拉出一个直角，形成黄河晋陕豫三角区。

黄土高原黄河晋陕峡谷区和晋陕豫三角区

黄土高原全境气候属温带大陆性气候。受季风影响，一年四季分明、气候温和、热量丰富、降雨较少、雨热同期。黄河晋陕峡谷两岸向东向西各延伸10公里不等，形成特有的黄河小气候。地理学、动植物学认为，一般来说特殊环境下会孕育一些特殊的动植物资源，独特的黄河小气候就孕育了独特的红枣物种。综合以上，黄河晋陕峡谷两岸的山西运城、临汾、吕梁，陕西延安、榆林和黄河三角区山西长治、河南三门峡等地的气候特点、地形和土壤特别适合红枣生长，因而成了酸枣的发源地和红枣的主产区，也形成了著名的黄河晋陕峡谷区和黄河三角区红枣林走廊。随着酸枣的变异、驯化培育，红枣种植范围也扩大到河北、山东、新疆等地。

黄河晋陕峡谷区两岸红枣品种主要是“母枣”，称谓来源于多种说法。“母枣”万枣之母，即天下红枣皆出于此的意思。专家学者根据古代文献，经过实地调查，通过对枣树生物学以及农业技术特点和各品种形态特征、经济性状等方面综合比较，认为现在红枣品种中800余种都是以晋陕峡谷区“母枣”树为砧木，使用单芽切腹法嫁接而来，因此将该区域枣品种尊称为“母枣”，与时下将发源地、发源物统称为“……之父”“……之母”属同一个意思。还有一种说法是红枣剖面像女性生殖器，加之红枣挂果快、挂果率高，民俗中将此生活习

黄土高原黄河流域母枣

性特点移植到婚俗中寓意早生贵子、多子多福，是母亲的意思。还有一种说法是神话中红枣的颜色来源于西王母的血，西王母的名称、职责以及血的功能作用等都与“母”有关联。再有就是红枣原产地在黄河晋陕峡谷区，中华民族发源于黄土高原黄河流域，尊称黄河为“母亲河”，红枣与黄河有着千丝万缕的联系。综合这些，晋陕峡谷区“母枣”因此而得名并沿用至今。枣树木质坚硬，是制作家具或者宗教用品的好材料，故而有将“母”枣改称为“木枣”称谓的。

第二节 红枣历史溯源

红枣是酸枣的变异类型，追溯红枣发展历史应从酸枣开始。1995年，黄河晋陕峡谷东岸山西临县碛口在修建公路时发现酸枣植物化石。化石长约2.8米，直径约0.6米，通体纹理清晰，颜色呈褐色。其后又在附近多处发现酸枣化石。据专家估计，该些化石已有1亿余年历史。山东临朐中新世矽藻土中山旺酸枣叶化石也表明酸枣在我国至少有1200万年历史，至于原产区域应该比这更早。从这些可知道酸枣是早于中华先民生存在黄土高原黄河流域原产地区域的。其后，红枣发展史可以从中华民族进化史中得到反映。从人类进化历史看，人类开始于采集时代。中国历史发展也符合这一发展进程。一是中国传统神话和传说“三皇五帝”中排序，采集渔猎人物时代在前；

山西临县出土的枣树化石

位于黄土高原太行山山西武乡县的野生酸枣林和酸枣

二是中国传统判断文明的标准是是否“粒食”，即吃粮食而非吃肉确定，而“食”就是指采集而来的野生粮食。中国古代文献对采集历史也多有记载。《韩非子·五蠹》曰:“古者丈夫不耕，草木之实足食焉”;《庄子·马蹄》曰:“夫赫胥氏之民居不知所为，行不知所至，含哺而熙，鼓腹而游”；等等。这些不耕而食的生活都说明了中华民族开始于采集，而且历史十分漫长的实际情况。那么采集的野生粮食具体有哪些呢？我们从原始文字所含信息中寻找。一是甲骨文“农”字是上林下辰，孟子解释“辰”说，“斧斤以时入山林”，意思是按果实成熟季节入林采集果实，可见采集的是树林果实。二是“果腹”意思是填饱肚子。“果”是象形字，是“田”像树上果实的形状。司马光《训俭示康》:“果止于梨、栗、枣、柿之类”，说明“果”是树木包括红枣而非草本植物的果实。从这两个字意思可知，野生粮食就是指树木的果实，是用野果填肚子，进一步缩小了野生粮食的范围，仅指野生树木果实了。那么，中华先民生存区域黄土高原黄河流域的野生树木又是什么呢？酸枣属灌木、小乔木，属“林”的范畴。酸枣原产区域是黄土高原黄河流域，酸枣比中华人类生存在该片区域早，加之酸枣色彩鲜红和采摘、吃食方便等特点，应该说是伴随中华先民在猿人甚至更早直至进化成智人各阶段最先采集果腹的野果之一。尤其是中华人类处在进化早期，仍然生存在树上时。这样推论下来，中华人类最早的野生粮食就非酸枣莫属了。《淮南子》云:“古有民茹草饮水，采树木之实……”尽管没有说具体果实名称，但推测当然应有酸枣。至此，我们知道了中华民族刚开始果腹的食物中有酸枣。至此，红枣历史就和中华民族发展史重合了。这里需要说明的是，这些观点与传统主流观点即认为粟、稻是中华文明最原始的粮食有些出入，但我认为不矛盾。人类在农业革命前特别是在未发明使用火之前，生存在树上，主要靠采集天然果实维持生存，树木果实以能吃、好消化、口感好、采集方便等成为早期人类首选。中华先民也属于这种情况。因为酸枣比其他植物生存在中华大地早；酸枣是灌木，具备林的特点。特别是采集酸枣不用斧、碾等生产工具，不用晒、剥、拣等生产工序，容易采集；酸枣鲜吃不用火，也就不用锅等灶具，食用方便，而且颗粒大、成片、产量大、采集方便。综合这些因素，从中华先民当时实际采集能力、生产水平状况方面说，酸枣理应是优先采摘果腹的野果之一。至于农业革命后，特别是人类发明、使用火后，中华

山西西侯度遗址中模拟中华先民采集酸枣的生活场景

先民的食物就变成经驯化而来的草本植物粟、稻了。看来，中华先民在农业革命前后用于果腹的主要粮食作物是有所不同的。以色列人类学家尤瓦尔·赫拉利也说:“人类曾有长达250万年的时间靠采集及狩猎维生，并不是特别干预植物的生长情形。这一切在约一万年前全然改观，人类开始投入几乎全部的心力操纵着几种动植物的生命。从日升到日落，人们忙着播种、浇水、除草、牧羊，一心以为这样能得到更多的水果、食物和肉类。这是一场人类生活方式的革命，农业革命。”(〔以色列〕尤瓦尔·赫拉利《人类简史》)。

迄今证明红枣最早历史的是河南裴李岗文化遗址。考古学家从遗址中发现了枣核化石，经鉴定已有8000年左右历史，说明中华先民早在8000余年前就吃食甚至栽培酸枣，说明酸枣不仅是采集的野果，也可能开始驯化，出现中华先民早期栽培痕迹。其后其他区域的文化遗址中也出土了酸枣。距今7000余年的浙江河姆渡文化遗址中有酸枣果实；距今6000年前的西安半坡遗址中挖掘出碳化枣核；距今5300—4000年左右长江下游的浙江良渚文化遗址中也有酸枣植物。《周书》里说，“燧人氏夏取枣杏之火”，意思是说中华先民夏季用枣杏之木取火，说明中华先民也在利用枣植物特点。这些史实文献不仅证明中华先民吃食利用酸枣植物历史十分悠久，而且从遗址地域看，分布十分广泛，遍布黄河、

河南新郑出土刻有“上有仙人不知老，渴饮礼泉饥食枣”铭文的汉代铜镜

长江流域等中华民族主要发祥区域。从分布地域大大突破原产地区域情况可看出人为驯化、栽培已十分普遍。后来酸枣一方面自身不断变异，另一方面经过先民不断驯化培育，慢慢地就变成现在统称的红枣，产地范围也不断扩大。随着红枣普遍化，红枣也大量地体现在有文字后的各种古文献中，从而使我们能更清晰地了解其发展历史。《诗经》中有“八月剥枣，十月获稻”的记载，说明红枣和水稻一样是先民经作的普遍粮食作物。明代成书的《广物博志》记载：西周“周文王时，有弱枝枣甚美，不令人取，置树苑中”。与此同时，能反映红枣发展的一些事件也相继发生。早在距今3300年前，先民已开始对枣树规模地驯化和栽培，出现了早期枣园；距今2500—3100年前已经有了专门负责红枣生产的官员。湖南长沙马王堆汉墓（距今2169年）、湖北荆州江陵西汉墓（距今2150年）、湖北随县曾侯墓和江苏连云港、广东广州、四川昭化等地都相继出土了红枣果实和红枣核，说明西汉时期红枣种植遍布全国广大区域，红枣在先民生产生活中已占有十分重要位置。这一时期也出现红枣制品。早在西周时期中华先民就开始利用红枣发酵酿造红枣酒。随着红枣栽种范围扩大，红枣自然进化、被人驯化同步，极大地促进了红枣的发展。我们从原产地区域黄河晋陕峡谷区红枣主要品种“母枣”发展的历史中能看出这种发展变化过程。原始

黄河滩枣（张瑞华摄）

红枣品种主要有酸枣、伢枣、母枣、合杯枣等。刚开始酸枣属于野生繁衍物种，核内有仁，可作种子；伢枣属于酸枣第二代嫁接物种，形象像酸枣，比酸枣大，口感由酸转变为酸甜，核内有半仁，不可作种子；母枣属于酸枣第三代嫁接物种，形体变长，核内无仁，口感转变成微酸纯甜；合杯枣属于酸枣第四代嫁接物种，形象像杯子，个大体圆，因与酒杯共同放在桌上招待客人，故名“合杯枣”。这四个品种，“母枣”的口感最佳、营养成分最高、种植面积最广（薛青、张福荣:《临县“母枣”称谓及历史溯源探究》，山西新闻网，2010年4月17日）。“母枣”栽种范围随着民族融合、人口迁徙，扩散到全国许多地方。

综合以上，我们对作为粮食作物的红枣自然发展历史进程进行了简单梳理。红枣应是伴随中华先民诞生前后，发育、进化过程中的特殊粮食作物，是中华先民第一时间的生产、生活对象。在这过程中中华先民不断总结红枣生产生活特点、摸索红枣生长规律、体验红枣功能价值，便产生了中华先民最早的红枣文化。可见伴随红枣自然进化、发展的同时，也衍生、催生了红枣文化，形成红枣文化历史。

最早的红枣文化在没有文字前体现和渗透在红枣神话、先民民俗、礼仪等文化形式中，有文字后就体现在大量古文献中。所以，最早的红枣文化多是耳熟能详、口耳相传、约定俗成的神话、传说、民间故事和红枣民俗礼节活动、红枣礼仪等。这是红枣文化的起源阶段，是红枣文化的源头。

关于红枣神话，尽管和中国远古神话中的许多神话人物有连接，但集中体现在与西王母有关的神话体系中，所以，本书集中说明与西王母有关的红枣神话。在我国传统的道教文化中，玉皇大帝是至高无上的天神，而仅次于玉皇大帝的主宰者便是王母娘娘，即初期的西王母，可见西王母在中国神话中的位置。“西王母”形象在中国神话中经历了由人到女王再到神仙的一个过程。西王母最初出现在《山海经》中。《山海经·大荒西经》曰：“西海之南，流沙之滨，赤水之后，黑水之前，有大山，名曰‘昆仑’之丘，有神，人面虎身，有文有尾，皆白，处之。其下有弱水之渊环之，其外有炎火之山，投物辄然。有人戴胜，虎齿，有豹尾，穴处，名曰西王母。此山万物尽有。”其后古文献多有记载。“穆王使造父御，西巡狩，见西王母，乐之忘归”（司马迁《史记》）；“尧舜涉流沙地，封独山，西见王母，授天下地图予尧舜整治国家，遣二十三女瑶姬（封为妙用真人）下凡助大禹治水”（《贾子修政篇》）；“吉日甲子，天子宾于西王母。乃执白圭、玄璧以见西王母……眉曰‘西王母山’”（《穆天子传》）。这些文献都说明了中华历史中有西王母这样一个人物，而且知道了西王母刚开始时是一个普通人物，是一个西部部落的氏族首领。尽管《山海经》里说其“戴胜、虎齿、豹尾”，但因原始人有擅长利用动物装饰自己的习俗，所以也仅是比普通人厉害的一个女王形象。接着《山海经·西次三经》说：“西王母，其状如人，豹尾虎齿而善啸，蓬发戴胜，司天之厉及五残。”“五残”是凶星，“五残星出正东方之野，其星状类辰星，去地可六丈”（《史记·天官书》）。郭璞认为，是指西王母掌管对灾厉的预知。由此西王母变成一个掌管天灾人祸、生杀予夺、瘟疫刑法的神仙了。其后西王母拥有了新的职能，使西王母神仙特点进一步坐实。“西王母梯几而戴胜。其南有三青鸟，为西王母取食”（《山海经·海内

北经》)。同时，西王母也成为掌管长生不老药的女神。“羿请不死之药于西王母，遂奔月为月精”(《淮南子·览冥》)；“仙桃（蟠桃）为不死之药。此桃三千年一生实，中夏地薄，种之不生，也叫西王母桃”(《汉武故事》《汉武帝内传》)；“(华林园）有仙桃，其色赤，表里照彻，得霜即熟，亦出昆仑山，一曰王母桃”(杨炫之《洛阳伽蓝记·卷一》)；“仙玉桃，服之长生不死”(北魏·贾思勰《齐民要术·卷十》)；等等。上述均说明西王母有着长生不老功能。民间认为西王母还赐福、赐子、化险消灾。“稷为尧使，西见王母，拜请百福，赐我善子，引船牵头，虽物无忧，王母善祷，祸不成灾”(焦延寿《崔氏易林·卷一》)。既然是赐福、赐子、化灾长者形象，称呼也得变化，于是“西王母”称呼变成了“王母娘娘”，形象也由怪神变为母仪天下、庄重慈祥、仪态万方、颜容绝世的美丽女神，西王母最终成为了一个不仅是管理仙界女神的领袖，也是民间祈求平安长寿的神仙，还是祈求男婚女配、平安生子、传宗接代的神仙，于是也有了“天帝之女”“女仙之首”等头衔。

正是西王母如此至上神权，不仅使得她成为显赫女神，也使得凡与她有关联的物品和人都带上神性，被赋予了和她一样的神仙功能。红枣就是这样被赋予了超越其自然功能的神仙功能的。先说红枣和西王母的关联。“(华林园）有枣，六十二株，王母枣十四株”(《太平广记》)；“石虎苑中有西王母枣，冬夏有叶，九月生花，十二月乃熟，三子一尺”(《邺中记》)；“西王母枣大如李核，三月熟”(《广志》)；“(上林苑）中，弱枝枣，西王母枣，青花枣，赤心枣……”(《西经杂记》)。这些记载都说明了大自然中有西王母枣这样一个红枣品种。还有关于红枣颜色是西王母血染成的神话。红枣的颜色与西王母的血挂钩，不仅使红枣与西王母连接得更加紧密，而且连接得耐人寻味。血是人体必需的物质，其颜色为红色，是生命、吉祥、生机的象征。而红枣与西王母的血连接，传递了明确信息，说明红枣与生命高度关联，感叹中华先民对红枣的补血功能已有基本认识的同时，还找到了一个十分恰当并已深入到族人心里的神话人物指代，目的就是衬托、强化对红枣的认识。这也许就是“红”成为中华民族“族”色一直延续至今的历史意义和生物学原因了。至此，西王母主管生命孕育诞生、无病无灾，同时长寿不死、升入仙境的仙性特点，全部移植到红枣身上，并变成《大唐三藏取经诗话·第十一》中关于红枣的相关神话。

唐僧向行者索吃仙桃，“猴行者即将金杖向盘石上敲三下，乃见一个孩儿，面带青色，爪似鹰鹞，开口露牙，从池中出。行者问：‘汝年几多？’孩曰：‘三千岁。’行者曰：‘我不用你。’又敲五下，见一孩儿，面如满月，身挂绣缨。行者曰：‘汝年多少？’答曰：‘五千岁。’行者曰：‘不用你。’又敲数下，偶然一孩儿出来。问曰：‘你年多少？’答曰：‘七千岁。’行者放下金杖，叫取孩儿入手中，问：‘和尚，你吃否？’和尚闻语，心敬便走。被行者手中旋数下，孩儿化成一枝乳枣，当时吞入口中。后归东土唐朝，遂吐出于西川。至今此地中生人参是也”。

该书涉及红枣的内容不多，但意思十分明确，一是最大“七千岁”小孩表示长寿，化为乳枣，乳枣又化为人参，意思是红枣和蟠桃、人参一样是长生不老药；二是红枣和蟠桃、人参能互相转化，共同组成西王母的三种长生不老药，而且深入到民族心里，变成一种符号。《大唐三藏取经诗话》是《西游记》的母本，所以《西游记》中也继承了红枣治病长寿思想。“寿星笑道：‘我因寻鹿，未带丹药。欲传你修养之方，你又筋衰神败，不能还丹。我这衣袖中，只有三个枣儿，是与东华帝君献茶的，我未曾吃，今送你罢。’国王吞之，渐觉身轻病退，后得长生者，皆原于此。”（明·吴承恩：《西游记》，上海古籍出版社1994年版，第107页）

窥一斑而知全豹。我们从西王母在中国神话中的位置，能窥探出红枣神话在中国整体神话体系中的地位，从西王母和中国神话体系的功能和精神特质也能知道红枣神话的精神特质。比如，中国远古神话有人敢挑战权威，倾其力量把太阳摘下来（夸父逐日）；也有人干脆把太阳射下来（后羿射日）；有人与自然做斗争创造“火”（钻木取火）；有人面对洪水敢于做斗争并最终战胜洪水（大禹治水）；有人将挡在门前的山搬开（愚公移山）；有女孩被大海淹死，但复活了，最后把海填平（精卫填海）；有人挑战天地被砍下头，但他没死，又挥舞着斧头继续斗争（刑天舞干戚，猛志固常在）；等等。这些神话和红枣神话有的人物相同（黄帝、大禹、西王母等）；有的精神特质一致，都表现出人定胜天，不服输、有志气的精神气质。红枣和西王母连接，打通了红枣神话与中国整体神话的连接，显示出红枣神话和中国神话精神特质的趋同性。可见红枣神话和中国远古神话同宗同源同脉，是中国远古神话的有机组成部分。

需要说明的是，红枣成分保健功能多、营养价值高，红枣神话不是纯粹“无中生有”，是本身具备一定功能后的夸张神话，本质上还是来源于红枣本身。正由于“半实半仙”特点，红枣在发挥自身功能作用的同时，又能近距离地自然移植嫁接、全面渗透到最能

代表民俗特点的婚俗各种礼仪礼节中，极大地影响中华民族走上世俗化道路，而这也成了红枣文化的有机组成部分。可见，神话和民俗化是早期红枣文化发展历史并行不悖的两条道路。

红枣文化在有文字后就大量体现在各种古文献中，和红枣神话、传说故事、礼节礼仪等共同构成了中华人类早期的红枣文化世界。春秋时期有“八月剥枣，十月获稻”（《诗经·豳风·七月》）；“园有棘，其实可食”（《诗经·魏风·园有桃》）；“营营青蝇，止于棘”（《诗经·小雅·青蝇》）等记载。这里的棘，指的是酸枣和经过培育的枣树，记述了先民当时生产生活场景。也有论述红枣自然功能价值的文献。“秦大饥，应侯请曰：玉苑之草，著蔬菜、枣、栗，足以活民……”（《韩非子》）；“北有枣栗之利，足食于民……”（《战国策》）。红枣还用于菜肴制作，“枣栗、贻蜜以甘之”（《礼记》）。《山海经》说，“爰有嘉果，其实如桃，其叶如枣，黄花而赤，食之无劳”，意思是指患上抑郁症状的病人吃了类似红枣叶子的果子病就好了。这种果实尽管不是指红枣，但用这种方法，一是说明了先民对红枣的功能已有普遍认识；二是从侧面告诉我们，红枣较为普遍，用于指代解释说明其他不普遍物种。据记载，早在周代，红枣就被视为珍果、圣果，只有王孙贵族才得以享用，也是诸侯来往的礼品。“馈食之笾，其实枣、栗、桃、乾橑榛实”（《周礼·天官·笾》），意思是给诸侯进贡食品的竹笾中装着枣、栗、桃、干梅、榛子等果品；西汉时，汉武帝不仅用“醴、枣脯之属”祭祀传说中的天神（《史记·孝武本纪》），还于七月七日，“列玉门之枣，酌蒲萄之醴”招待西王母。（东汉·班固《汉武帝内传》）。《春秋公羊传·庄公二十四年》有“见用币，非礼也。然则曷用？枣栗云乎？

历史上枣字的不同写法

腶脩云乎？”之语，就是把红枣当作上层社会诸侯往来的高贵礼品看待。红枣还大量体现在婚姻、葬礼等民俗中。“夫妇贽，不过枣、栗，以告虔也”（《国语》），意思是新婚夫妇用枣来表示对婚姻的虔诚。《礼记·礼运》说“夫礼之初，始于饮食”，又“凡礼，皆因于祭”，意思是“礼”来源于饮食，体现在祭祀中。如何体现、用什么体现呢？古代祭祀礼中，摆放着各种盛祭品的容器，其中，“俎”用来盛放肉类，“簋”用来盛放五谷，“尊”用来盛酒，而“笾豆”则用来盛放干果等熟食制品。这四种以“笾豆”为最多，熟食制品包括枣、栗等食品。《圣门礼志》记载，孔子神位前所陈祭品就有红枣。这一系列阐述说明是用红枣等具体物品体现“礼”的。把最好吃的东西作为祭祀礼品向神灵或祖先贡献，表示崇敬并求保佑。所以，《仪礼·即夕》中说人死亡葬前最后一晚的祭品中要有枣糗和栗脯；《仪礼·特牲馈食礼》和《仪礼·有司》中说，诸侯及其以下官吏，每月初一祭庙，祭品中要有牲畜、红枣和栗子，而且枣、栗由谁摆放都有讲究。红枣价值礼制化、普遍化，扩充到社会生活各个方面。“安邑（今运城一带）千树枣……其人与千户侯等”（司马迁《史记·货殖列传》），已把红枣定位为战略物资，从经济、战略高度认

识红枣，并确定为衡量财富的一般等价物。“左九棘，孤、卿、大夫位焉……右九棘，公、侯、伯、子、男位焉”（《周礼·秋官·朝士》），把枣树当作区分等级职位的标识物，九棘后来也成为官职“九卿”的代称，红枣已转化成政治含义，渗透到政治领域。“颍考叔挟以走，子都拔棘以逐之”（《左传·隐公十一年》）。晋朝杜预注“棘，戟也”，说明把红枣当作一种兵器，红枣用途军事化。从以上各种早期文献记载中，我们不仅知道了红枣的栽培历史，而且知道了红枣已经超越了其自然功能用途，从侧面知道了红枣在先民生产生活中的普遍化和重要性。红枣不仅是一种供人果腹的食品，而且还是具有特殊社会功能的物品：可充当礼品，借以提升人际关系；也能作为可依托的战略资源，借以在军事斗争中取胜；也可作为衡量财富的一般等价物，用以衡量财富多寡；也可作为代替官职的标识物品，用以区分官职大小……纵观红枣自然发展进化历史，衍生、催生红枣文化一同发展，演变出超越本身功能的各种价值，红枣成了中华先民民俗、礼仪、宗教、政治、经济、社会中有独特价值的普遍代替物品，有具体物象的抽象精神文化产品，从而变成一种文化元素和符号，成为中华民族的族群基因、集体记忆、精神密码。

第三节　红枣文化渊源

一、红枣文化形成

恩格斯在马克思墓前的讲话中说：“马克思发现了人类历史的发展规律，即历来繁茂芜杂的意识形态所掩盖着的一个简单事实，人们首先必须吃、喝、住、穿，然后才能从事政治、科学、艺术、宗教等。”（《马列主义经典著作选编（党员干部读本）》，党建读物出版社2011年版，第132页）。葛剑雄解释这段经典在《中原地区何以成为中华文明总进程的引领者》一文中说：“根据马克思历史唯物论观点，一种文化就是一个特定的人类群体，在特定的地理环境中长期形成的生活生产、生存方式，在此过程中产生的行为规范、风俗习惯、价值观念、意识形态、宗教信仰等，以及相应的物质与精神产物。”（《北京日报》，2019年10月16日）。依照上述可知，一是吃、喝、住、穿等是文化产生的基础，吃的食物可成为文化的重要来源；二是文化从吃、喝、住、穿等生产、生活的劳动中而来。需要说明的是葛剑雄文中的文化是指广义的文化，与本书的文化有所不同，本书文化是指狭义文化，即在一定的生产方式基础上发生和发展形成的精神生活的总和。也可按金开诚先生对文化所下定义理解。他说：“文化是对具有一定社会共同性的思想意识、价值观念和行为方式起引导或制约作用的各种集体意识所形成的社会精神力量。”（金开诚:《传统文化六讲》，北京出版社）

心理学认为，人的心理是外界客观事物作用于人的感觉器官，通过大脑活动将客观事物变成映象的一个过程。所以人的大脑是心理现象的物质基础，是人从事心理活动的具体器官，而客观现实是心理的源泉和内容。离开客观现实谈人的心理，心理就变成无源之水，无本之木。从本质上说，文化也是人类心理活动的一个过程，文化是人类心理变化的结果。依此，用于人类果腹的食物是心理学上所谓的客观现实之一，粮食食物应该就是文化的源泉和内容之一。通俗地说，狭义文化就是人具备相应生理条件后对生存环境、生产生活对象等抽象总结而形成的精神产品，大致包括文化来源、产生途径条件和文化内涵等内容。下面，我就从这些方面寻找红枣与中华文化的渊源。

《文化是什么》一书认为：人类进化到直立行走阶段时，刺激了人类神经系统的发育，促进了脑容量的日益增大，形成了人类文化发生的重要生理基础，与此同时也改变了人类的生产生活方式：生产工具、定居、群居等。生产生活方式的变化，促进形成了工具上雕刻和铭刻、言语交流的文化现象，也就形成了最为原始的文化。据此，他总结文化发生的因素是：一、生理进化和劳动杠杆；二、自然环境。（李中元:《文化是什么》，商务印书馆2017年版，第8—10页）。李中元的这些观点是从文化发生需具备的条件和实现途径即生发文化的生理机制和社会机制等方面说明的，符合文化产生发展规律，但还未对文化的内容来源进行说明。那么，文化内容究竟来源于哪里？内容是什么？东汉经学家、文字学家许慎在《说文解字》序言中说："古者庖牺氏之王天下也，仰则观象于天，俯则观法于地，观鸟兽之文与地之宜，近取诸身，远取诸物，于是始作《易》八卦，已垂宪象。及神农氏，结绳为治，而统其事。庶业其繁，饰伪萌生。黄帝史官仓颉，见鸟兽蹄远之迹，知分理可相别异也。"许慎这段话虽然说的是文字的发明规律，但是文字是文化的载体，且文字、文化发明规律一致，所以也可看作是文化发生规律。只不过许慎是用具体事例说明文化来源的。作为"诸经之首、大道之源"中华源头文化的《易》和文字一样，是"观"的结果。"观"的对象包括"天""地""鸟兽""诸身""诸物"等自然界各类事物。可见，人类自身生产、生活中须臾不离、息息相关的事物是"观"的对象，

通过“观”时在劳动中创生文化，而“观”对象“蹄迒之迹”等的属性就是文化的具体内容。理解这些内容需抓住几个关键。一是第一时间进入人类视野的自然界事物应该是人类重点关注对象；二是人类生产、生活中须臾不离对象应该是人类文化的重要来源；三是须臾不离的生产、生活对象属性包括外在形象、自然生活习性、内在特征等就是文化的具体内容。这样筛选下来，自然环境和粮食食物当然地成了人类文化的重要来源，而其属性就成为文化的具体内容。“文”的本意是各色交错的纹理。“物相杂，故曰文”(《易经・系辞下》)，实际上指事物的外观形象。“化”则是“刚柔交错，天文也；文明以止，人文也。关乎天文，以察时变，关乎人文，以化成天下”(《易经・贲卦彖辞》)。归纳总结起来，文化的内容就是人在具备了发生文化的生理条件后，不断总结自身须臾不离的客观事物发生发展变化规律，并将感性中的具象上升到抽象价值观念符号而成的精神产品。红枣文化的诞生就是遵循这一文化发生发展变化的普遍规律而形成的。

通过前面可知，黄土高原黄河流域区域的红枣是中华先民诞生以来第一时间采摘吃食、后来栽培种植的主要对象，与中华先民发育进化发展相伴随。通过吃食，中华先民不仅吸收了红枣物理基因，同时又将红枣生活习性、生物特点、功能价值等总结归纳抽象演绎成超越具体物象的文化符号、精神密码，从而形成红枣文化。

二、红枣文化特征

特殊的地理环境孕育特殊的物种。动植物界普遍认为，动植物资源吸收能量是有规律的，与环境、时间长短都有关系。一般来说，动植物物种适应自然环境能力越强，意味着吸收自然能量越大。长期生长在恶劣环境中，意味着更能吸收超强营养，而且吸收时间越长，意味着吸收营养越充分。红枣就是这样一种特殊的植物资源，恶劣环境对于一般动植物是恶劣的，而对于红枣则成为吸收特别能量的有利条件。黄土高原黄河流域的气候、土壤、地形地貌等自然环境相比五谷作物生长环境和其他红枣生长区域较为恶劣，但却成为这里的红枣吸收特殊能量的优越环境，所以就形成了该区域红枣特有的能量。吸收自然超强能量的红枣经中华先民食用后就变成中华先民自身超强能量，同时也形成红枣文化。红枣文化一经形成又自觉发挥着以文化人作用。长期以来，超强红枣物理基因和红枣文化交替发力、交相作用，影响渗透，不断投放到先民心里，然后被借鉴吸收，沉淀、积淀，逐渐固化，从而使红枣特点人格化，红枣功能价值化，红枣属性精神化，最终变成中华民族的民族气质、民族性格、民族精神、民族价值判断标准，黄河文明得以形成。至此，我们寻找到了红枣物理基因转化为红枣文化符号、精神密码的变化过程，找到具体变化路径和打通路径的方式，相应也找到了红枣文化与中华文化、中华文明之间的具体关系。

红枣文化长期浸染、化育中华民族形成了民族特有的精神和价值观。所谓民族精神是一个民族在发展过程中形成的赖以生存和发展的精神支柱，往往表现为一个民族的精神状态和行为品格，是一个民族整体素质的具体表现，也是一个民族个人人格的集体显现。所谓价值观是人对客观事物的认知、理解、判断和选择，是民族气质、民族性格、民族精神认知的综合表现。正由于此，民族精神和价值观成为左右和决定着一个民族朝什么方向走，能走多久、多远的重要力量。心理学认为，人类价值观是个体信念的核心体系，是个体评价事物与抉择的标准，是关于什么是“值得的”的看法。价值观是通过对某个事物对象认知并赋予相应价值实现的。同时认为，人类个体在评价与抉择某类事物时，首先确定“原型”并依据“原型”标准作出评价与抉择。人类确定“原型”优先选择首先进入人类视野的、生产生活中须臾不离息息相关的熟悉事物。“原型”一旦确定就被当作标准认知判断其他事物，影响人类思维习惯和行为方向选择。所以，“原型”确定过程，既是认识过程，也是左右行为过程。依此理解，中华先民通过认识最早、最熟悉的事物之一红枣并赋予红枣相应价值形成红枣价值观念，并把红枣当作“原型”，快速完成判断认知其他事物，从而用红枣“原型”标准统一中华先民整体认知，长期以来就形成了统一的红枣思维观念和行为方式，风土人情和风俗习惯，影响了概念形成和命名方式等等。比如，中华民族话语体系中类似红色的色彩被称为枣红色；俗语中“红花还需绿叶配”类似于红枣的色彩搭配结构；该区域大量地名用红枣命名；该区域人的味蕾特点偏向于红枣的微酸口感。特别是婚俗中用红枣代表繁殖生育作用最终催化中华民族走上世俗化道路……。中华民族的红枣审美价值观，影响了中华民族整体发展方向和历史进程。

总结红枣生长习性和特点、功能和价值等与中华民族的民族精神和价值观有很多一致性。红枣当年结果、挂果率高，红枣剖面形象和“枣”谐音与婚俗结合起来，形成“早生贵子”“多生贵子”意思，再与红枣在恶劣环境中生存、生存时间长、生命力顽强旺盛的生活习性特点结合，移植嫁接到中华民族身上就变成吃苦耐劳、自强不息、不折不挠、顽强不屈的民族精神；红枣靠嫁接异体孕育新

的生命体征，中华民族靠汲取异域文明成果生成新的前行力量，二者都显示出兼收并蓄、海纳百川、开放包容的气度和气质；枣树外表粗粝、木质坚硬，在万物凋零季节矗立不弯的生理特点，和中华民族个人无论遭遇何种际遇都秉持“富贵不能淫、贫贱不能移，威武不能屈”、刚正不阿独立人格的精神气质是一样的。

我们再换个视角看红枣对中华民族的影响。我们都知道，神话对一个民族影响甚大。闫德亮认为：“古代神话是民族的早期记忆，是一座富含文化基因和民族精神的宝库。中国古代神话反映着中华民族童年的历史，其所塑造的神话形象及蕴含的精神品质在中华民族的形成发展中，起着重要的引领和凝聚作用。中国古代神话丰富的文化内涵及所体现的民族核心价值观，如思危精神、创造精神、奋斗精神、执着精神、奉献精神、团结精神等，成为中华文明的重要组成部分，滋养着民族的成长，塑造着民族的灵魂，影响着民族的文化走向及价值取向。”（《古代神话与早期民族》，社会科学文献出版社）当然神话不是凭空产生，它是客观现实的自然折射。红枣神话就是红枣生物学特点，生活习性等的另类反映。作为最早的一种文化红枣神话就极大地影响中华民族形成了独特的民族精神。因此，红枣神话几乎就是民族精神的翻版。反过来，如果在长期形成固定、成熟了的中华民族精神上剖切一个横断面，渗透、流淌的血液就是红枣基因血液。美国哈佛大学教授大卫·查普曼解读中国神话时说：“中国神话里英雄人物勇于和看起来难以战胜的力量做斗争，是告诉人们可以输但不能屈服的精神特质。中国人听着这样的神话故事长大，勇于抗争的精神成为遗传基因，他们自己意识不到，但全像祖先一样坚强。中国人倔强不服输的精神，是他们屹立至今

的原因。"（《哈佛大学教授解读中国神话》，今日头条，2019年7月21日）可见，红枣生物学特点是中华最早文化红枣神话的影响因素之一，红枣神话是形成中华民族民族精神的原材料之一。早在西周时期中华先民就将这种自然界事物和人的转化概括为"比德"，即将自然界某些自然物的特征比附于人的道德情操，使自然物的某些属性人格化，人的道德品行自然属性化"以人化文""以文化人"过程。从此，红枣生活习性特征、功能特点等就植入、嫁接到中华先民身上，成为中华先民特点的一部分，红枣特点人性化、红枣功能价值化、红枣习性精神化。持这种观点的大有人在。郭冰庐在《陕北红枣文化的生殖、生命象征意义》一文中说："枣适应多种环境生存能力与中华民族不折不挠、顽强不屈，历经五千年历史风雨侵蚀自然屹立不倒的气质十分吻合。"刘玉峰、王迪在《黄河流域五省枣区考察纪实》一文中也说："枣树与中华民族历史息息相关，枣树的诸多特性正与中华民族顽强拼搏、生命不息、奋斗不止的民族精神和气节吻合。"（人民网，2006年8月14日）

上述还只是从存在的具体现象上推理得出红枣文化影响中华民族的结论。如果从构成中华民族思想的来源上寻找，也能找到红枣清晰影子。比如，被钱穆、季羡林等文化名人称为"中国文化对人类最大的贡献""中国传统文化思想之归宿处"的"天人合一"思想。"天人合一"是由庄子提出阐述、由董仲舒发展成为哲学并成为中国传统文化主体的中国著名思想体系。"天人合一"思想认为，"天地与我并生，而万物与我为一"，宇宙自然是大天地，人是小天地，人和自然本质上是相通的，人的身体应符合自然规律，人的行为准则应符合顺从自然规律，从而达到人与自然和谐的目的。其方式是，一是“推天道以明人事”，二是“究人事以得天道”，就是道统二系，即“天人统”与“人天统”。正因如此，《礼记》提出“八目”，即“明德于天下”需要“格物、致知、正心、诚意、修身、齐家、治国、平天下”等“八个步骤”，不仅将“格物”、亦即探究自然事物规律和人的发展连接起来，而且还将“格物”置于人发展的首要步骤。因此，钱穆说：“一切人文都是顺应天道而来，违背了天命，即无人文可言。”也因此“西方文化一衰则不易再兴，而中国文化则屡仆屡起，故能绵延数千年不断。这可说因于中国传统文化精神自古以来既能注意到不违背天，不违背自然，且又能与天命自然融为一体”（钱穆：中国文化对人类未来可有的贡献，胡美琦记录整理）。依照上列解释，人类历史是从总结自然万物的演进规律并顺应遵循而来。

心理学认为人类认识规律是遵循由具体到抽象、特殊到普遍、表象到本质变化而来，可知人类总结大自然规律是从某一具体自然界事物出发推演得出的。这就出现一个问题，中华先民第一时间选取的、大自然中第一个被推演的事物是什么呢？按照前述，酸枣植物是第一时间进入中华先民生产生活中的对象之一，当然地成为中华先民最早推演自然规律的事物之一。依此，酸枣植物就是“天道”的物像来源之一。我们再换一个角度分析。如果单从来源上说，“推天道以明人事”，“究人事以得天道”中的“天道”包括了自然环境、气候天象、动植物等自然界中的万事万物，但如果从“推天道以明人事”、“究人事以得天道”要求“天道”和“人事”、自然和社会相统一的结果看，无疑枣属植物是最符合条件的。因为枣属植物和中华文明相似性最多、关联度最高、一致性最强。所以可以说红枣自然变化规律影响中华民族思维方式，形成“天人合一”思想，“天人合一”思想又影响中华人文历史绵延不绝，中华人文历史体现出了自然界枣属植物的自然变化规律，红枣自然特点和中华文化精神高度一致、体现方式吻合、发展节奏十分匹配！从各方面看，红枣就是“天人合一”思想的重要来源之一。所以说，中华文明史也是自然界事物红枣不断递进演变的历史，而红枣的自然发展历史又不断诠释演绎着中华文明史，中华文明在“天道”红枣和“天人合一”思想影响下形成类似于红枣生物性特点的文明类型。这可能就是黄河晋陕峡谷东岸山西临县2007年将红枣树确定为该县县树、国家很多专家学者呼吁将红枣树确定为中国“国树”的原因所在。

我们再用具体事例说明红枣文化对中华民族的影响。比如新人结婚时，有人总结说中华文明特点是绵延五千年而没有中断，原因在于中华民族自古以来有国家“大一统”、家国情怀、爱国意识等。

大红枣

我认为这些分析是有道理的，而这些内容也与红枣文化有关。“国家”概念是由“家”发展而来，所谓“家是最小国，国是千万家”就是指这个意思。而“家”是以婚姻为前提、血缘为纽带组建而成的社会单元。在中国民俗中，红枣是从提亲、订婚开始，伴随结婚直至添人加口全过程的特殊物品，是婚俗中婚姻内容繁衍人口承载者和婚姻仪式规范者。俗语中“不孝有三，无后为大”，用红枣解决“不孝、无后”问题，就是体现了红枣承载着婚姻中繁殖人口的内容。在婚姻各种程序仪式中，各种人物角色都可拥有红枣，但表达的内容不尽相同：谁拿红枣喻示什么、代表什么内容是有规定的；红枣在什么地方放、什么时间放、什么时间拿都因代表不同内容有具体规定；红枣给谁，什么时间给，什么场合给，也代表了不同的内容。比如，公公、婆婆、新郎、新娘、亲戚邻居等都可是红枣的持有者，公公婆婆给新娘红枣意思是希望新娘孝敬长辈，早生、多生孩子；新娘只能在新婚第二天在俗称的“拜天地，见大小”仪式现场中给公公红枣，表达承担生育孩子、传宗接代虔诚责任的态度；新娘与新郎互赠红枣意思是表达对爱情忠贞、对家庭负责的态度；社会各种人物吃食红枣，意思是期盼新婚家庭增人添口、繁衍后代，不断壮大家族势力。红枣文化一方面承载婚姻生育、繁衍内容，另一方面规范婚姻仪式程序，说明红枣就是“家”内容的主要承载物和“家”程序礼仪的主要规范者。在中国传统社会中，对“家”的要求就是儿孙满堂、和和美美、团团圆圆、长幼有序，并设定春节、中秋等专门节日予以体现落实这些要求，目的就是维持“家”的存续、发展、持久，灌输爱“家”意识，达到实现“家”“和美”“团圆”的目的。待“家”慢慢扩大、家国合一发展成“国家”后，因

袭了传统中对“家”的“团圆”“同堂”“爱护”等要求而流变成“大一统”概念，就形成了家国天下的情怀和意识。所以来源于红枣对“家”的“团圆”“同堂”要求，逐渐固化，发展成国家版“大一统”自觉意识，“长幼有序”等爱“家”意识，也被转换成爱“国”意识，并成为中华民族优秀传统文化的核心精神。从孔子学说“修身、齐家、治国、平天下”的顺序中可看出中华民族早期由“家”而“国家”变化的顺序端倪；从忠、孝就像孪生弟兄一样在传统文化中经常并用也可看出对“家”和“国家”看待的统一性和内容要求上的一致性。可见，某种程度上说红枣文化就是爱国意识的原始来源。由此推断红枣文化也是中华文明绵延五千年不中断的重要原因。中外学者都认为中国是世俗社会。所谓“世俗”就是与宗教对应、主张崇拜祖先而不崇拜神灵、关注现世社会的一种价值观。婚俗则是最能体现世俗化的一种民俗。而这又与红枣文化有关。红枣剖面像女性生殖器，红枣挂果快、挂果率高的生活习性是生殖的重要表现方式，固而成为生殖崇拜的重要内容。生殖崇拜最主要目的就是繁衍人口，壮大宗族势力，所以借鉴红枣生物特点表达繁衍就成为最生动、最显性、最直接、最有效的手段。中国传统社会中有“不孝有三，无后为大”的说法，就是用红枣来解除“不孝”“无后”的顾虑，就是借用了红枣的繁殖功能。因此红枣自然地演变成婚俗的形式和内容。婚俗愈繁、日盛，世俗化就愈强烈、明显，由此中华民族就逐渐走上了一条世俗化之路。所以说红枣既影响了中华民族的思维，也影响了行为；既影响外在表现，也影响内心灵魂；既显现在日常习惯中，也积淀到心灵内容上。由于红枣文化是中华民族文化的原始材料和根脉文化，为后来的各种思想、文化发育、发展指明了方向。

红枣就是中华民族精神的翻版，是中华民族巍然屹立在世界民族之林的重要原因，也成了中华民族之所以是中华民族的身份标签和认证标准。

凡此种种，不一而足。上述一系列文化现象是特定文化化育、形成稳定社会文化心理结构的必然结果。社会心理学认为，文化心理结构是由共同的民族文化背景所塑造和陶冶而成共同的基本人生态度、情感方式、思维模式和价值观念诸方面组成的有机总体结构。它是民族历史发展中形成的，是民族生存条件内化和观念形态文化在民族心理凝结、沉淀而成的。民族文化心理结构形成过程是族群文化符号在漫长的生产生活实践中由族群内部传递、整合、固化的心理过程。民族文化心理结构一经形成就表现出相对稳定的思维特征与价值取向，规约着群体内部的思维和行为，并传承着历史与文化。显然，中华民族身上所显示出的特征是与红枣文化不断化育以至形成稳定的红枣文化心理结构有关系。

前面在梳理红枣发展历史时提到当前史学界、文物学界公认支撑中华文明的粮食作物是粟和稻而忽略红枣的情况。鉴于此，我觉得有必要对粟、稻和红枣进行一下比较。粟、稻是支撑中华民族的粮食，在中华人类进化、社会发展、文明前行中起了十分重要的作用。毋庸置疑，红枣是“铁杆庄稼”“木本粮食”，具备粮食功能，和粟、稻一样也应该是支撑中华民族的粮食，特别是在中华民族进化早期“人猿相揖别”（毛泽东《贺新郎·读史》）前的采集时期。也就是说，红枣和粟、稻一样共同承担起了促进中华民族生理骨骼发育、身体健康成长的粮食职能，即是使“动物成为人”的物质力量。所不同的是两种粮食起作用的时间段不一样。以新石器早期即农业革命发生时期为时间节点，农业革命前，社会形态是采集狩猎时期，中华先民果腹的食物主要来源于采集的树木枣属果实；而农业革命后，社会过渡到耕种时期，中华先民果腹的食物就变成经驯化种植的草本植物粟和稻了。正是这一先后顺序的不同，形成了对民族影响的差异，也最终使红枣奠定了其在中华文明历史中的地位。因为酸枣植物是中华先民最早的食物，就像产品最先占领市场一样，形成了最早的文化，又不断化育着中华民族，并最终促进中华民族不断走向成熟。从这个角度说，红枣也是使“人成为什么样的人”的精神力量。这就使得红枣和其他粮食作物完成了最后分野：从发挥粮食功能开始，以化育陶冶、孕育文明而成最终结果。中华民族因红枣文化化成作用不断地开辟鸿蒙，由蒙昧、野蛮一步步走向开化、文明，文明由此诞生、成熟起来。可见红枣从功能用途上说，比和粟和稻作用更多、更大。综合起来，红枣催生、哺育、支撑了黄河文明直至中华文明。这里还有一个细节耐人寻味、值得重视。中华先民直立行走后的身高体征和酸枣灌木丛的高低是匹配和吻合的。根据达尔文进化论观点，中华先民为了适应酸枣采集，被倒逼直立行走，客观上促进了自身身体的进化，从而走了人类进化史上有决定性意义的一步，最终完成从“猿到人”的彻底转变，形成了中华人类进化史中划时代、革命性的变化。还有，据研究酸枣功能有平衡膳食作用，营养价值十分高。中华先民不知道也不懂这些功能作用，但红枣在自觉充当这些功能、发挥这些作用。也就是说红枣在促进中华先民直立行走，身体进化、思维发育成熟方面都起了十分重要的作用，可见意义非凡。

上面通过探源红枣生长区域和溯源发展轨迹，我们发现，两条

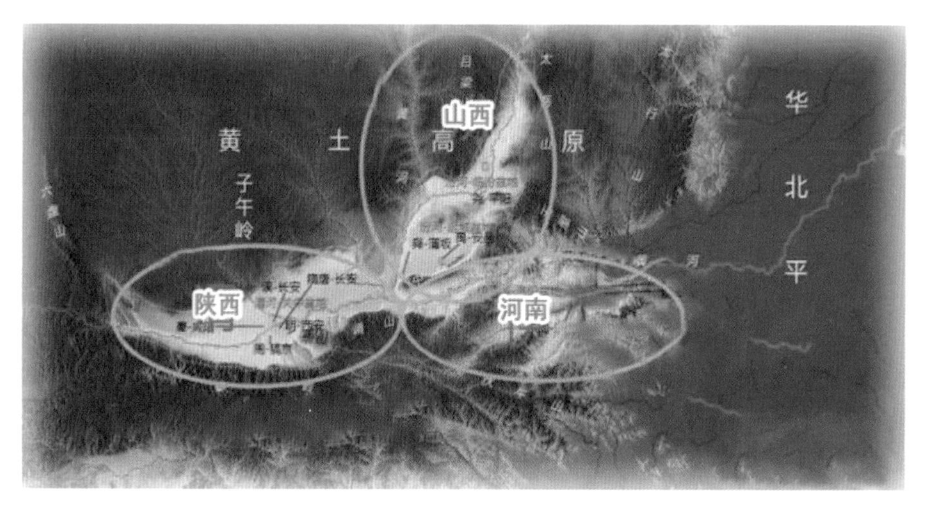

黄土高原黄河流域是红枣原产区和主产区，也是中华文明摇篮和发祥区

不同类型的地理、历史线索就像横纵座标一样，在中华文化、文明点上相交并发生了奇妙的“化学反应”：黄土高原黄河流域孕育了土著人中华先民和红枣特殊物种，红枣由中华先民而生成文化，红枣文化化成天下，催生、哺育、支撑了土著民中华先民在黄土高原黄河流域形成原生态黄河文明，黄河文明在吸收其他文明成果基础上汇聚而成绵延五千年、辉煌灿烂的中华文明。所以，红枣原产区几乎覆盖中华文明摇篮区，红枣文化孕育区和中华文明发祥区几乎重叠！这不是偶然现象。在这里，中华先民、红枣、黄土高原黄河流域区域自然环境是共同担当孕育、演绎黄河文明的重要角色，她们之间互为因素和条件，共同推动了黄河文明乃至中华文明的形成。可见，黄土高原黄河流域是黄河文明的孕育区域，红枣是催生文明的支撑物种。黄土高原黄河流域自然环境和红枣是孕育中华文明的绝配和最佳搭档，二者谁也离不开谁，密不可分，融为一体。如果说，黄土高原黄河流域是孕育中华文明的摇篮，那么，红枣就是编

织摇篮的材料！我们把这一系列转化生成概括为一方土地孕育出一方红枣物种，一颗红枣孕育了一种特色文化，一种文化生发了一缕文明曙光，一缕曙光照耀着一个民族前行。由此可以得出判断，中华民族是喝着黄河母亲的红枣乳汁体格健壮、心智成熟起来的；中华文化是在红枣文化熏染下枝繁叶茂、郁郁葱葱的；中华文明是在红枣文化哺育、催生、支撑下浩浩荡荡、绵延前行的。

理解红枣是催生中华文明的特殊物种还可从下列一些角度思考。大凡一种文明的形成或者说孕育文明的条件主要包含三方面因素。因为以人化文，人是第一要素。既然有人就需要有人赖以生存的环境包括水和支撑人类生存用于果腹的粮食物种。所以说人是文明形成的前提，自然环境是孕育文明的基础，水和粮食作物是文明形成的必要条件。因为人和水是文化、文明孕育的共性条件，而只有自然环境和维持人类生存用于果腹的食物有所差异，所以自然环境和食物成为世界上众多民族文化不同，文明千差万别、形形色色的最主要影响因素。独特粮食烙印、独特物种印记就成为辨别文明形态的关键因素之一。对于中华文明来说，文明孕育区域黄土高原黄河流域的独特、最原始粮食物种就是红枣，红枣就成为孕育、引领中华文明形态发展方向的特殊材料，也成为判断中外文明

红枣原产区域覆盖中华文明发祥区域

形态差异的关键标准。一是红枣比其他植物生存在中华土著人生活区域早，应该是中华先民尚在猿人还未进化到智人时生产生活须臾不离的物品，生成了最早的红枣文化，说明红枣影响中华民族时间早；二是据后来研究，红枣营养价值很高，红枣在中华民族发展进化过程中起到了其他粮食作物起不到的作用，说明红枣影响中华民族价值大；三是遍布中国区域“满天星斗、星罗棋布”的文化遗址中大都有红枣核和叶子的化石，与粟、稻对自然条件要求苛刻、有严格区域环境限制形成天然界限泾渭分明不同，红枣遍布大江南北、黄河左右，说明红枣影响中华民族区域范围广；四是在汗牛充栋的古文献、流传下来的文学作品中，红枣文化是传承有序、溯根有源、线索完整、脉络清晰的系列产品，而且从刚开始的自然功能文化，演变成后来民俗、宗教、经济、政治、文化，这是其他粮食作物没有的现象，说明红枣影响中华民族渊源厚；五是从中华民族精神培育、形成过程的构成成分中可以找到大量红枣元素，红枣的生活习性、自然品质渗透和移植到了中华民族身上，涵养、滋养了中华文化，说明红枣影响中华民族程度深。综合以上特点，红枣文化独特价值表现十分充分。红枣物种影响中华文明形态可见一斑。

三、孕育红枣文化环境

自此，我们不仅知道了中华文明发祥区和摇篮区的大概区域和形成原因，也知道了中华文明形成的基本途径和材料来源。这里有必要对孕育中华文明特殊物种红枣的生存环境进行详细说明。黄土高原西起祁连山余脉的乌鞘岭、东至太行山脉西侧，南起秦岭山脉北侧、北抵鄂尔多斯高原毛乌素沙地南缘，包括山西、陕北、河南西部的陇中高原和吕梁山地，以及渭河、汾河两大谷地。这里集中了地球上70%的黄土，是地球上最广、最厚、最连续的黄土覆盖高原区。地理学家研究表明，距今240万年前开始的第四纪更新世是我国黄土生成时期。刚开始黄土高原还是巨大的湖盆，风力把内陆地区沙尘搬运至此，水流携带周边高地的泥沙汇入湖中，加上印度和欧亚板块碰撞抬升黄土高原湖盆，使湖泊越来越浅。到了新生代新近纪，地球上发生大规模冰川活动，干冷、强劲冬季风卷起沙漠上的沙尘，沿青藏高原北缘向东方推进，依次遇到六盘山、吕梁山、太行山、秦岭等阻挡，便在太行山以西、秦岭以北沉积下来。沉积物历经数百万年的搬运，在生物、碳酸盐化作用下，在无数次地球寒暖期交替和大陆性气候条件下形成了黄土并不断堆积，再经上百万年日积月累，堆积成区域平均多数为150—250米、少数400多米厚度的黄土高原。黄土高原形成之后，地质仍在做垂直、断裂等运动，大部分区域被持续抬升，少部分区域则下陷，下陷部分形成了渭河和汾河等河谷地，同时又经流水侵蚀和风力侵蚀形成了塬、墚、峁、沟、壑、谷等黄土层丰富的地表面地貌。黄河流域晋陕峡谷区和晋陕豫三角区同属黄土高原，平均海拔1000—1500米，属温带大陆性气候，雨热同季且集中。据气象学专家竺可桢研究，上古时期，黄土高原气候较现在更温暖湿润，属于亚热带气候，夏商周时期，年均气温比现在高2摄氏度，有大象等热带动物生存。在上古洪荒时期，冰雪消融后，华北平原洪水泛滥，一片沼泽，而黄土高原则是安全之地。也就是说，在上古时期，黄土高原是最适宜人类生产生活的区域。峡谷地形地貌影响气候又形成独特小气候，形成了黄河晋陕峡谷区和三角区既与黄土高原整体相似但又相对独立

的地理单元，为孕育特殊物种提供了基础自然条件。正由于“自我加肥”（李希·霍芬语）的黄土地和温暖湿润的气候形成独特环境，就孕育了红枣这一独特物种。

我们再以山西为例，说明自然环境对孕育特殊物种和文明的特殊性。山西气候特点是温带大陆性气候，在上古时期最适合人类繁衍、生存、栖息，是最适合粮食作物种植的气候之一。加之，黄土高原的土壤地貌特点，为植物的多样种植提供了基础条件。山西在植物学界、粮食界有“世界杂粮在中国，中国杂粮在山西”的说法。小杂粮对种植环境土壤气候等有特殊要求，对种植方法要求也高，说明山西农业资源十分丰富。指导农业种植的二十四节气是根

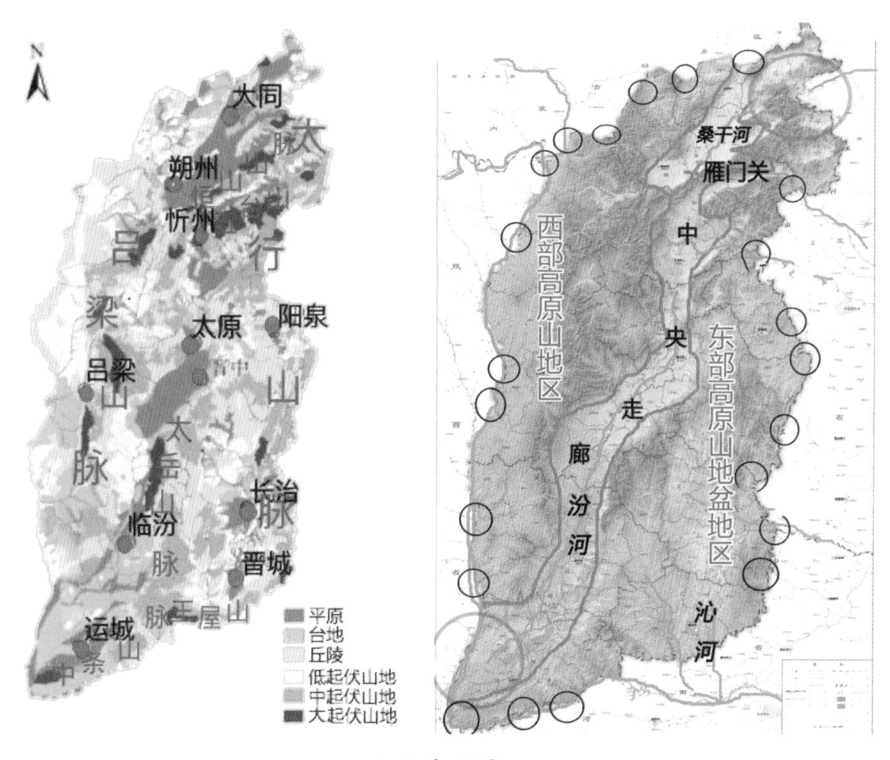

山西地形图

据山西气候特点总结而成的，临汾陶寺考古中发现了中国最早的气象观测台，说明山西农业历史十分古老性和典型。山西地面起伏不平，地形复杂，表里山河，整体被山水包围阻隔。西有黄河吕梁山，东有太行山呈南北向纵贯全境，联系外部只有所谓的“八陉”通道，这些都形成了军事上相对易守难攻特点：既不像平原地带是兵家逐鹿之地，也不能据地势之险要雄踞一方。这些地理环境上能发展农业但不具备发生大规模战争特点又为古文明孕育和发展创造了有利条件。山西还有独一无二人体必需的战略资源食用盐，又为孕育文明提供独特优势条件。山西区域文明是支撑、彰显和诠释中华文明起源与发展的重要区域力量。远在距今180万年前的旧石器时代早期，山西便有原始人类繁衍生息，这里成为中华民族先民们最早开发的重要地带，中华先民主要从事红枣等植物采集，后来就成为我国重要的农耕文化区。这些文化构成了人类从蒙昧进入文明的完整演变序列，真切地显示出中华民族不断成长和进步真实而漫长的轨迹。山西地区是华夏文明起源的中心区域，山西区域文明是中华文明的“直根”之一。《礼记·中庸》有“仲尼祖述尧舜，宪章文武”的记载，意思是说孔子遵循尧舜之道，效法周文王、周武王之制。这表明孔子开创的“仁学”来源于尧舜，而尧舜和西周时期文、武王都与山西有很深的渊源关系。史载“尧都平阳，舜都蒲坂，禹居安邑”，平阳即今天的山西临汾，蒲坂即今天的山西永济蒲州，安邑即今天的山西夏县西北。在夏商周三代，商人起源于河北太行山东麓地区，而周人则分别起源于陕北到山西晋中的姬姓族群和青海到甘肃的姜姓族群。由此可见，中华文明在思想与制度起源上都与山西有“直根”关系。山西襄汾陶寺文化遗址提供了最确凿、最有

黄土高原黄河流域文化遗址（网络图片）

说服力的证据。

同属黄土高原的陕西、河南西段与山西自然环境相似。居无定所的中华先民在这一区域不断迁徙、追逐资源，并孕育了黄河文明，所以在史学界形成了五千年文明“看山西”“看陕西”“看河南”等不同的说法。我认为全是有道理的，说明了三片区域环境、资源、物产的趋同性和在孕育中华文明上贡献的共同性和不可或缺性。所以很多神话传说、历史人物典故、墓葬在三地都有交叉重复记载。根据上面论述，孕育文明除自然地理环境外，还需要特殊的粮食物种，这些区域共同特殊的粮食物种就是红枣，所以我认为在已形成定论的“五千年文明看山西（陕西、河南）”一句话上还应把三片区域共同的特殊物产粮食体现出来，就应再加上一句“中国产红枣

数峡谷”（黄土高原黄河流域）。

“五千年文明看山西（陕西、河南）”“中国产红枣数峡谷（黄土高原黄河流域）”两句话是有内在因果联系的。“五千年文明看山西（陕西、河南）”说的是孕育文明的区域位置，就是指该区域是中华文明的摇篮和发祥地；“中国产红枣数峡谷（黄土高原黄河流域）”说的是孕育文明的粮食物种，说的是山西运城、临汾、吕梁、长治，陕西延安，河南三门峡、郑州等地是红枣的原产地和主产区。之所以把两句话放在一起是为了说明物种在孕育文明中的特殊作用。依此，可以把红枣和中华文明二者关系概括为：红枣是中华文明形成的重要支撑和推动力量，中华文明是红枣发展被抽象沉淀的集成和结果。这也许就是黄土高原黄河流域成为中华文明的摇篮和发祥区的重要因素。行文至此，也就不难理解为什么红枣原产区和中华文明摇篮区几乎重叠，红枣文化发育区几乎覆盖中华文明发祥区的具体原因了。照此可以这样认为，如果说黄河是中华民族的母亲，那么红枣就是中华民族的乳汁；如果说黄土高原黄河流域是中华文明的摇篮，那么红枣就是编织摇篮的材料！

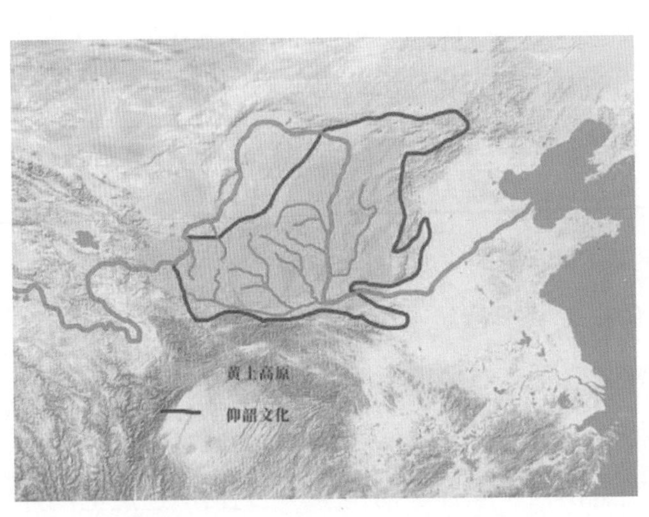

红枣文化发源区和中华文明发祥区几乎重叠（网络图片）

千百年来，黄土高原黄河地理单元独特性和

红枣文化以文化人作用塑造了这片区域独特的人文环境。人们常说黄河流经九个省份，但只把魂留在了晋陕峡谷。黄河到了壶口像人一样怒吼，好似中华民族的第一声啼哭，而且每到关键时刻，啼哭的声音就越发响亮，成为中华民族不屈不挠、宁死不屈、反抗侵略、血战到底的代表力量。这也是冼星海抗日战争时期为了鼓励全国人民抗日谱写风靡大江南北、长城内外的歌曲，起名叫《黄河大合唱》的历史文化背景原因。黄河到了乾坤湾，三百二十度弧度画了一幅太极图，呈现出美丽的图案，象征着中华民族从远古走来；黄河到了昔日繁华的小都会东岸山西吕梁临县碛口，既显示出自然灾害大同碛给民族带来灾难的一面，也显示了中华民族规避灾难转为陆运后的繁荣繁华的一面，折射出中华民族自古以来就有“变则通，通则久”的变革传统；黄河在偏关老牛湾和长城会面了，是人为和自然的首次牵手，释放出巨大能量，东西两岸人从这里走西口创造了一个个神说，创造了一段段悲壮但又不失鼓舞、推动历史车轮滚滚向前的沧桑历史。纵观黄土高原黄河流域，莽莽高原博大、雄浑、厚重、沧桑、肥沃，奔腾黄河昼夜不息、一泻千里、力量万钧、喧嚣异常，和红枣文化中的坚韧不拔、吃苦耐劳、百折不挠等特点结合起来，极大影响了生长其上的黄河晋陕峡谷两岸和河南人民，形成了该片区域人特有的憨厚、朴实、厚重、坚韧、吃苦耐劳性格特点和不畏艰险、反抗侵略、抵御外侮、不怕牺牲的传统美德。毛泽东词《沁园春·雪》冠绝今古，气概豪迈，雄壮无比。创作地点究竟在山西、陕西尚有争论，但地理环境背景则是黄土高原黄河流域，说明只有在这种地理背景下才能激发出诗人灵感并创作出如此气势的壮丽诗篇。总之，黄土高原黄河流域地理环境孕育了中华先民和

红枣特有物种，形成了强大的物种支撑和厚重的人文环境，三方孕育文明的基本元素互为因素和条件，互为平台，互相作用，形成了中华文明的基本框架和壮丽画卷，从而使文明蔚为大观。

马克思说：“在文化初期，第一类自然资源（生活资料的自然资源）具有（发生文化）的决定性意义。”（马克思：《资本论》第一卷，人民出版社1986年版，第560页）。黄土高原黄河流域两岸就是这样一种介乎于优越和恶劣之间，但有利于发育文化的环境，红枣就是具有发生文化决定性意义的第一类自然资源。

四、红枣文化化成天下

2018年5月28日国务院举办新闻发布会，国家文物局副局长关强介绍了中华文明探源工程情况。他说：“距今5800年前后黄河、长江中下游以及西辽河等区域出现了文明起源迹象。距今5300年以来，各地区陆续进入文明阶段。距今3800年前后，中原地区形成了更为成熟的文明形态，并向四方辐射文明影响力，成为中华文明总进程的核心和引领者。”这里做一补充说明。介绍中“黄河区域”指的是黄土高原的山西陶寺文化、陕西石峁文化，“长江中下游区域”指的是浙江良渚文化，“西辽河区域”指的是辽宁红山文化，“中原地区更为成熟的文明形态”指的是河南偃师二里头文化。“中原地区”的地理范围大概就是黄土高原黄河流域的黄河晋陕峡谷区域和黄河晋陕豫三角区域的红枣原产区域和红枣文化发育区域。“中原文明向四方辐射文明影响力”说的是中原古文明在交流、碰撞中，向四面八方传播融合。这些客观史实被著名考古学家苏秉琦所认可，他认为：中华古文明呈现出星罗棋布、满天星斗情况，各文明形态间不断交流，呈现裂变、撞击、融合三种方式。他说："仰韶文化裂变为半坡、庙底沟文化，张家口文化是仰韶文化和红山文化碰撞的结果；山西陶寺文化是河套文化、燕山文化、大汶口文化、良渚文化等融合的结果。"（苏秉琦:《如何认识中华文明起源》,《辽海文物学刊》1990年第1期）中国历史在五帝时代、距今约5000年至4000年间，即考古学上的龙山时代，是万邦时代。黄河中下游、河套地区、长江中下游等区域迄今共出现文化遗址70多处。这些城邑大小不一，功能不尽相同，散处各地，互不统属。中原文化用包括战争等手段，重组融合其他区域文化，向其他民族输出中原制度和理念，最终形成以中原为核心、多元一体的文化格局，也形成了以汉民族为主体，有广泛文化、心理认同的中华民族大家庭。

总结以上，令人产生疑问。大约公元前5300年以来，中华区域许多地区都出现成熟文明形态，可为什么有些文明昙花一现，直至衰亡，而只有中原地区文明强势崛起，经过"百川归海""多元一体""多源合一"等过程，一波三折地演变为中华文明核心区？从当时实际情况看，中原文化还是比较落后的，为什么"后进落后的中原地区能兼并融合了当时非常繁荣先进的聚落"成为"中华文明总进程的核心和

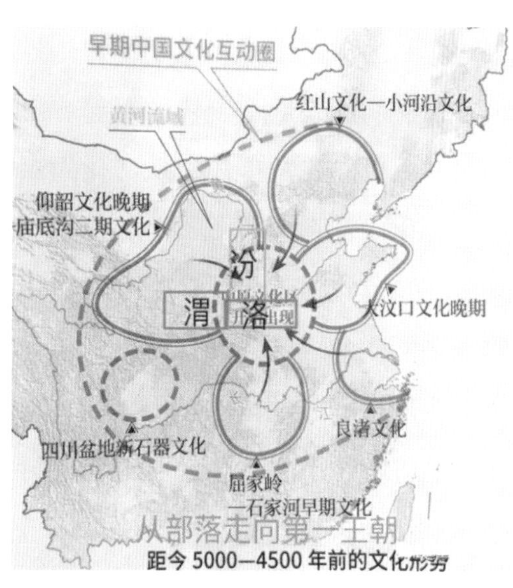

中华文明满天星斗文化遗址（网络图片）

引领者”？（北大考古学家、文博学院教授李伯谦语）如果再做深入追问，中原文化后来居上、快速崛起、一统天下，成为文明引领和核心区，凭借的资本和依托的条件究竟是什么呢？

千百年来特别是改革开放以来，不少专家、学者都在探究原因、寻找答案。有的学者从地理位置角度分析，认为地处中原的黄河晋陕豫三角区、河南黄土高原黄河流域是天下之中，有着最好的文明交流碰撞地理条件，使得中原文明在学习和刺激下不断成长，最终成为华夏文明发源地。也有学者从各个文明衰亡的特殊性上分析，认为几乎同时期的石峁古城是因天气变化、良渚文化是因大洪水、三星堆文化是受到军事打击、陶寺文化是因国人暴动等原因，或被毁灭或被遗弃，只有中原文明在融合进程中不断发展壮大。这些学者从地理位置或衰亡文明各自特殊性上分析，虽有一定道理，但属于外在因素，不是衰亡的决定因素，所以说没有找到中原文化兼并融合先进文化的真正原因。从前面论述可知，催生、支撑、哺育、驱动文明的深层因素、内生动力是各自独特的文化内涵。同样，决定一种文明后来居上、快速崛起、一统天下的深层原因也是文化内涵因素。所以我觉得还应从文化内涵方面找原因。那么，中原文明的“文化内涵”是什么呢？这就又回到了前文文化的来源内容上。从前文知道，独特的粮食是形成文化的原始材料之一，食物文化内容就是文化的内涵之一，所以，粮食物种所形成的文化内涵就是一个文明形态崛起的内在动力之一。葛剑雄《中原地区何以成为中华文明总进程的引领者》一文对此进行了尝试性探讨。他认为，黄土高原和黄土冲积平原，地势平缓、土壤疏松，表面植被容易清除，使用简单工具就能开垦耕种，能形成连片农业区，能生产足够粮食满足供养一个实体的人口。（参见葛剑雄:《中原地区何以成为中华文明总进程的引领者》,《北京日报》2019年6月19日）该文从地理环境土壤入手分析说明中原地区崛起的原因，似乎是深入了一步，因为从土壤入手，目的归根结底是为寻找粮食，寻找到食物，至少方向是对的。但令人遗憾的是作者仅仅是寻找到农业革命后中华先民的粮食食物，即便是粮食，也仅仅说明了粮食的物理属性即果腹特性、而没有从粮食所形成的文化内涵上分析，因而还是未触及到根本问题。显然从时间上止步于农业革命，从粮食功能价值上止步于物理果腹属性，就没有找到中华民族第一时间的源头粮食，也难以找到由粮食特性而形成的真正文化内涵，因而也难以找到中原文化崛起的真正原因，以至于给人以功败垂成、半途而废的感觉。从世界范围看，旧石器时代开始于大约260万年前，新石器时期和农业革命发生在1万年前。也就是说旧石器时代占了整个人类进程的99%多，而这99%的时间里，人类是靠采集狩猎而不是靠种植获取生活资料的。而采集狩猎时代和农业革命后时代的主要粮食作物是不同的。中华民族的发展进程也与此类似。当然，还有学者不断向纵深拓展探索。网名为“蔡氏易学”的《野生粮食的分布才是文明起源的地理因素，中国绝对占优》和《人类文明起源于中国：河淮平原才是真正的两河流域》两篇文章直接从采集时代的粮食入手分析，时间上大大推前，抓住了关键所在。总结文章有三个主要观点：一是采集是先民的主要生产、生活方式，采集的果实的主要是粟、稻等；二是中国文明的内核在采集时代形成，文明在采集时代已创生；三是野生粮食的地理分布区域可能是文明的孕育区域。（今日头条，2019年3月6日）作者从孕育文明的原始粮食入手分析研究，抓

住了文明发展和崛起的内因条件，接下来只要追根溯源、正本清源，相应就能找到孕育文明的粮食物种和区域。我对他的立论条件推论方式持认同意见，可对他的结论即粮食作物和孕育文明的区域持保留意见。原文认为粮食作物仅是粟和稻，并认为淮河流域等区域是中华文明孕育区域。我认为粮食作物应该包括酸枣植物。因为：一是从他所开列采集野生粮食是从树林中采集的条件看，酸枣植物是灌木、乔木，具备林的特点；二是酸枣植物灌木高度与中华先民身高体征匹配，加之色彩鲜艳好辨别、颗粒大、成片规模，不用采集工具；三是红枣特点是随采随吃，既不用火，也不用辅助灶具；四是红枣酸甜，口感好、好吃、有营养；五是酸枣树是原产于黄土高原黄河流域最古老的树种。综合这些因素，从中华先民尚未进化成智人或刚成智人当时生产生活条件状况看，酸枣植物是最适宜、最优先采集果腹的野果之一。相应按作者观点推断，红枣就应是创生文明的重要条件，红枣文化就构成了文明内核，红枣原产区域的黄土高原黄河流域就成了中华文明的摇篮和发祥区域，这些结论也基本符合中华文明的客观史实。可作者推断粮食作物的不全面影响了他区域空间判断上的不准确。尽管结论欠妥，但不能否认该作者在文明研究方法上的贡献。如果我们顺着该文所提供的思路，只要从孕育文明的内因即从最原始果腹的粮食作物上寻找孕育文明的因素，只要从最原始的粮食作物和文明孕育区域，用物种特性和区域自然特点互相印证办法，按图索骥、对号入座就能找到相应的粮食作物，就自然能找到酸枣植物。这种方法找到了真正的源头粮食，一举扭转了仅从区域位置和区域环境等外因条件分析中原崛起原因的弊端。

北大教授李伯谦则彻底说明了中原文化的内涵，比较彻底地回

答了中原文化崛起的根本原因。他说："红山文化、良渚文化走的是以神权为主的道路，所有财富都毫无保留地献给神灵，而对于自身的长治久安持续发展考虑少，因而虽盛极一时，也走向衰落。而中原黄河文化、仰韶文化走的是以王权、军权为主的道路，是以血缘关系为基础的祖先崇拜，首先考虑的是自身的传宗接代和族群发展，是有持久的发展动力，具有可持续性。因而原本落后的文化发展起来。"（《北大教授："中原势力"崛起，加速文明化进程》，中国社会科学网，2018年10月2日）他把中原文化崛起的原因归结为王权军权道路、祖先崇拜、传宗接代、族群发展等因素，令人有眼前一亮、为之一振、恍然大悟之感。细加分析确有道理。李伯谦教授观点还不断被一些文化遗址布局和出土文物所证明。"中原区出土的文物中主要以自然界常见的动植物体裁为主，越早越写实，之后艺术化演变成相关的纹饰。而极少出现'人面'或'人形'相关的文物或文饰。这些现象标志着中原区域从新石器时开始就没有神权现象，没有神权滋生的土壤"。(柱下史:《从各地文物看，没有在神权的道路沉沦

是中原区脱颖而出的重要原因》,《今日头条》2020年5月18日）所谓“自然界中动植物”当然应包括最早进入先民生活的酸枣。从一些文化遗址的整体布局中也体现了这些特点，体现了当时族群家族崇拜的群体潜意识。“西安姜寨文化遗址，是新石器时期的建筑，距今将近7000余年。这个村子里有100多座房子，这些房子布局分成5组，都围绕着村子中间一个大广场，房门都开向广场。而中间的广场就是用来举办家族聚会和祭祀的地方，这是以血缘为纽带的祖先崇拜，是家族集体主义精神的体现。”（小播读书《中华文明的这两种底层基因，大约从10000年前就已经有了》,《今日头条》，2019年11月4日）

解释清楚李伯谦教授观点后，还有一个疑问需要解决，这就是所谓“祖先崇拜、传宗接代、族群发展”等观念究竟来源于哪里？而这正是来源于中原区域红枣文化，来源于中原红枣文化的世俗化特征。因为从前面红枣神话、民俗、婚俗等内容看，红枣文化是生殖文化的一部分，婚姻、生育、血缘等传宗接代概念与红枣文化高度关联。所以可以说，中原区域孕育了红枣物种，发育了红枣文化，成为中原黄河文明的内涵之一，最终成为了中原文明崛起的重要原因，成为所依托的条件和依赖的资本之一！因此，李伯谦教授总结说：“黄河中原文化后来居上，像滚雪球一样广泛发展，融合其他文化，越来越强大，最终成为古代文明传承过程中的核心和引领者，成为中华文明的主干和根脉。”（《北大教授：“中原势力”崛起，加速文明化进程》，中国社会科学网，2018年10月2日）正因如此，历史上司马迁也认为该片区域是中华文明的关键区域。“昔唐人都河东，殷人都河内，周人都河南。夫三河在天下之中，若鼎足，王者所更居也。建国各数百千岁。”（《史记·货殖列传》）我想作者下此结论，也不是凭空臆测，应该与该区域特殊的物产和由此孕育的特色文化分不开。

我们再拓宽视野了解一下该片区域文明崛起、统一中华文明的宏观背景情况。黄河穿过内蒙古高原南缘，然后突然直接大拐弯俯冲南下形成晋陕大峡谷，到了山西、陕西、河南交界处，又拉出一个直角向东奔去。这一河段右岸汇入从秦岭北麓发源而来的黄河第一大支流渭河，接着又汇入从秦岭山脉伏牛山发源的伊洛河，左岸汇入从吕梁山区发源的黄河第二大支流汾河。汾河、渭河、伊洛河这三大河流域冲积而成黄土高原黄河流域金三角。这个金三角区域是洪荒时代中华文明的“摇篮”，孕育了文化，创造出强大基因，为中华文明发展扩散传播提供了基础平台。其原因正是由于该片区域是红枣原产区域。特殊物种发育了特色文化，特色文化最终孕育了文明，最终使得该片区域成为中华文明稳定的根据地，“成为中华文明总进程的核心和引领者”。还有一个具体原因也值得重视。红枣

功能多、营养价值高，在人类进化发育史中居功至伟，是中原原住民骨骼发育、身体康健、力气十足的重要因素。在古代战争主要仰仗人力资源条件下，黄河流域红枣原产区原住民力气十

黄土高原黄河流域金三角是红枣原产区，也是中华文明孕育区

足，在战争中具有先天优势，胜负天平自然倾斜。

中原文明崛起还有一个原因。从已发掘的中华文化遗址看，各种文化相隔重山万水、距离甚远，那么对于条件十分落后的远古来说文化之间的交流是如何实现的？显然，有先天自然优势，具备交通便利、快捷的河流、峡谷通道就成为可资利用的最优越条件，黄土高原黄河流域晋陕峡谷自然通道便成为交流的天然通道。苏秉琦说："仰韶文化、庙底沟文化从华山延伸到张家口，借助通道就是汾河、桑干河。仰韶文化到红山文化再到河套文化，最后融合成陶寺文化，是从华山脚下延伸到辽宁大凌河流域和河套地区，再南下到晋南地区。"（苏秉琦：《如何认识中华文明起源》，《辽海文物学刊》1990年第1期）要满足这些交流，从地图上一看便是利用了黄河晋陕峡谷天然通道。持相同观点的学者还有王俊、马昇，他们在《山西保德林遮峪遗址龙山石城初步探研》一文中说，黄河晋陕峡谷西岸出现了不同时期的石城，说明是文化交流的结果。还有北大考古文博学院刘绪在《关于乡宁与鄂的若干思考》中说，仰韶文化庙底沟时期北到内蒙古鄂尔多斯、吕梁柳林高红都有遗存，说明黄河晋陕峡谷是重要通道。仰韶之后的龙山文化时期，乡宁发现绳纹陶片，该特征在内蒙古河套地区和晋南大量出现。夏商时期，即河南二里头、二里岗、殷墟文化时期，内蒙古鄂尔多斯朱开沟文化遗址发现二里岗文化元素器物，这些文化交流都是沿黄河晋陕峡谷山西境内为交流通道的。需要说明的是，天然通道在给各文明形态交流提供方便条件的同时，也把通道自身的红枣文化元素渗透交流到各文明形态中去。这样红枣文化元素，随着各文明交流的脚步渗透到四面八方各种文明形态中去，以至形成了尽管红枣原生态区域有限

而且各文明之间距离相隔甚远，但红枣文化元素仍体现在不少古文明形态中、体现在古代各部落先民的精神状态中的现象；也形成了尽管地域特色鲜明，各种文化有所差异，但总有一根红枣文化线索贯穿其中的现象。所以从结果上说，黄土高原黄河流域通道的直接效应就是形成红枣文化的扩散和影响。这正像数学上的最大公约数和交流上的共同语言一样。由于有共同的红枣元素，各文化之间交流融合阻碍少了、通畅了，范围也随之扩大了。时间一长，红枣文化形成磁场效应，形成了向心力和凝聚力，这就为后来的中原文化慢慢融合统一埋下了伏笔，也为最终后来居上、快速崛起、一统天下奠定了非常雄厚的文化基础。

黄土高原黄河流域以红枣文化为内容的文化构成了该区域的特色文化，这一特色文化几乎渗透到中华民族生产、生活的方方面面和中华大地的广大区域，显示出红枣文化的渗透力、扩张力、融合力、吸引力和统治力。比如，中国人居住的窑洞由中华先民在黄土高原半穴式地窖演变而来。复旦大学金力研究团队通过语言学、遗传学等交叉学科分析后认为，世界第二大语系——汉藏语系形成于5900年前，形成区域就在北方的黄土高原黄河中游流域，这也是红枣原产区和红枣文化发育区域。中华文化集中形成在西周春秋战国西汉时期，主要构成是儒释道思想。儒、道的创立者都生活在红枣原产区域，红枣文化要比这些思想发源早，客观上影响了他们思想的形成。老子《道德经》中的“德”字，甲骨文原意是行走在正道上，顺道而行。发音、意思均来源于黄土高原黄河流域原住民赶车对牲畜“嘚，驾……”的吆喝声，意思是让马直走前行，说明道家思想形成受到黄土高原黄河流域原住民生活的影响。孔德成认为，孔子思想根源于古代。孔子自己说，“述而不作，信而好古”“多闻，择善而从之”，说明他自己也认为他的言论主要承袭古代，而不是自己的“原创”。“仲尼祖述尧舜，宪章文武”（《礼记·中庸》），意思是说孔子遵循尧舜之道，效法周文王、武王体制。这些均表明孔子开创“仁学”是概括氏族社会人际关系、继承古代礼乐文化的学说。所以说孔子思想是深受古代文化影响的，他自己只是诠释或做一些合乎逻辑的创新。这里的古代文化就是指黄土高原黄河流域形成的以红枣文化为内容的上古文化。从这个角度说，儒道创立者孔子、老子应是红枣文化的受化者，当然也是红枣文化的传播者。

说到这里可能有人质疑：既然红枣这样特殊，对中华文明贡献突出，为什么出土的与红枣有关的文物不多，为什么历史上没有像粟和稻一样给予红枣应有地位呢？我认为这是与红枣生活习性、性状特点和红枣发挥作用的时间有关。红枣从食用角度说，人类需求不太多，每天三五颗足矣。加之，红枣功能多，既是中药，也是水果，粮食功能相应被淡化削弱，容易被忽略。另外红枣色彩鲜艳、采摘方便和吃食灵活，先民不用付出太多劳动也能满足生活需求。酸枣灌木与中华先民身高吻合，采集过程不用辅助工具；色彩鲜艳容易辨别区分，不用增加手段辨别；性状特点不用晒、捡、剥、火等工序；加工中也不用碾、磨、斧等工具；食用中也不用锅、刀等灶具；储存也不用专门器具，甚至随采随吃。酸枣驯化培育也要比其他粮食作物相对简单，依靠自然进化、变异就可满足食物需求。一般来说，人类付出的劳动少，相应关联文物就少。另外，酸枣充当中华民族果腹的粮食作物主要在进化早期，处在文化萌芽初期，中华先民创生文化的手段还十分简陋和原始，因而相应文物就少。

当然，虽然原因众多，但都不能成为否定红枣作用的理由。这正像最早占领市场的产品和心理学上的第一印象占有优势一样，红枣文化在对中华文化的贡献上占有着明显优势。还有千百年来研究中华文明，多在“是什么”的结果上思考，多在区域位置和时间上探讨，而缺少在“为什么”来源领域探究，忽略了源头材料挖掘，红枣作用就难以被发现。这里提供两种类似情况可在比较中理解。苏秉琦教授在20世纪90年代提出，粳稻起源在中国，是从籼稻衍化出来的，而籼稻的野生祖集中分布在我国广东、广西、海南岛等区域。但后来的历史事实是这些区域没能成为稻作农业的起源区。苏秉琦的解释是，华南气候炎热，雨量充足，天然食物资源十分丰富。尽管野生稻到处有，但收获和加工都很麻烦，又不好吃，所以人们不一定采集，也不一定进行驯化栽培，也就发展不成稻作农业。而长江流域，有较长而寒冷的冬季，需要能够长期储存的食物，人们一旦发现野生稻具备实用价值且能长期储存，就会刻意驯化栽培，慢慢就发展成为稻作农业。长江流域史前文化比较发达，人口较多，而野生资源相比华南少，有进行人工栽培的必要性和迫切性。这些说法为稻作农业起源于发达的长江中下游找到了事实上的根据和理论上的说明。这就是华南稻天然食物资源丰富但没能形成农业发育区域的原因。还有菲律宾的塔萨代人。菲律宾棉兰老岛南部原始密林生活着世代居住在岩洞中的塔萨代人。由于生活资源极为丰富，他们自始至终过着原始采集生活，导致人类发育滞后、历史发展缓慢（李荣善:《文化学引论》，西北大学出版社1996年版，第213—215页）。以上二种情况，尽管类型不一，但归纳总结起来有共性特点，这就是条件的优越会阻碍文化的创造活动。马克思说：“不管怎

样劳动也得不到果实的土地和不劳动也可供丰富产品的土地（对文化）是一样不好的。”（马克思:《资本论》第一卷，人民出版社1986年版，第555页）这可能就是与红枣相关文物少的原因。但与稻作农业和塔萨代人情况不同的是，尽管红枣资源禀赋和前两种情况类似，但仍在孕育文明中起了重要作用，这就是红枣的独特性。独特性表现在，一是红枣和其他粮食作物一样部分地承担了粮食功能，但文化价值也体现得特别充分；二是红枣品性、性状使得相关文物少，但直接影响人的因素仍然很多且独特；三是红枣自然生活习性特点就是世俗化的具体内容，红枣文化影响中华民族走上世俗化道路距离近，相对自然、容易，因而从源头上影响中华民族思维观念、行为方式，使中华民族成为世俗化特征极其明显的民族，而这又影响了中华文明的整体走势和流向。

第二章 红枣神话和远古传说

由于红枣历史悠久、功能多样，在黄土高原黄河流域老百姓生活中占有非常重要的地位，以红枣为核心构建出来的文化现象就广泛存在于当地原住民的精神生活中。如果说红枣的形象性、普遍性是人们对它进行直观认识的基础，那么红枣的生物性特征则是红枣文化生成的核心。在人类发展初期，认识水平有限，文字也未创造，但需要一定的交流，文化就体现在口耳相传的神话和传说中。《神异经·北荒经》中记载："北方荒中有枣林，其高五十丈，敷林枝条数里余。疾风不能偃，雷电不能摧。"红枣文化发展也经历了神话和传说阶段。

第一节 红枣起源神话传说

红枣文化最早体现为神话传说故事，这和其他民族文化发展的脉络是一样的。文字发明前，很多文化现象以口耳相传进行交流，代代相传、不断演绎与总结，最终成了神话和传说。

关于枣的起源神话传说很多，我们撷取几则予以说明。

黄帝喜欢到昆仑山游览。有一次，黄帝游罢昆仑山，归途中不小心把他最珍爱的一颗又红又亮的宝珠丢在了赤水岸边。他派聪明绝顶的“知”去寻找，“知”空手而回；黄帝又派三头六臂的“离朱”去寻找，仍然一无所获；黄帝又派能言善辩的“锲诟”去寻找，仍然失望而归。最后，黄帝只得派粗心大意的“象罔”去寻找。“象罔”无意之中在赤水岸边的草丛中找到了宝珠。黄帝大为惊叹：“唉，别人找不到，‘象罔’一去就找到了，真有点奇怪啊！”于是，黄帝便把这颗宝珠交给“象罔”保管。

“象罔”接过宝珠，漫不经心地往自己的大袖子里一放，便又东游西荡起来。有一天“象罔”到轩辕丘东北部沙乡游玩，被地方官招待得晕晕乎乎，摇摇摆摆地回到了国都。

次日，“象罔”一觉醒来，宝珠却不见了。他大惊失色，急忙到东北部沙乡去寻找。“象罔”联系地方官，派出了大批人员去寻找，寻遍沙乡仍无踪影。“象罔”失魂落魄般往回走，慌乱之中却撞到了一棵大树上。“象罔”见到大树，心中暗想：多少年多少代没出现过也没听说过有这样的大树，说不定是那颗宝珠变出来造福后代的！于是，“象罔”眉头一皱，计上心来，请来发明文字的仓颉，在树上钉了个上书“黄帝手植”的木牌。然后，“象罔”向黄帝报告说：“国都东北部沙乡突然长出棵奇树。”黄帝听说后，专门带领大学问家岐伯、种植专家后稷和仓颉、象罔等到沙乡视察。在大树旁，黄帝细问缘由，才知是象罔遗珠所成。黄帝笑道：“宝珠一夜之间长成大树，树上结的果实也像宝珠。这棵树长得快，有‘早’的意思。这棵树长得也有点像具茨山上的野酸枣，只是比野酸枣高大。我看就叫大枣树吧。”大家齐声说：“好！”于是，黄帝命仓颉换掉原来的木牌，换上了“大枣树”的牌子。

还有一则神话也与红枣起源有关。

相传在远古，龙王积累了许多宝石，这引起了太阳神的妃子白玉凤星的嫉恨，她命土地神用黄沙填没了珠宝山。黄河发大水时，舜派禹前往治理。

禹的女儿叫璪，十分聪明，十三岁时就告别了妈妈，帮爸爸去治理洪水。一个漆黑的夜，璪脚下一滑倒在河堤上。她手用劲向土里抓去，防止掉到河里，当手抽出时，一束光从小洞里射了出来，原来是宝石，就顺手抓了一块红颜色的宝石。这时她又累又饿，情不自禁地把宝石放在嘴里。谁知宝石一到嘴里，立刻流出甜丝丝的汁水，吞下去就不饿了。土地神对她说宝石必须埋在河里，如被白玉凤星知道，一定会有麻烦。于是她又把宝石埋回河堤上。

璪把发生的事情告诉父亲禹，禹说要把宝石找回，帮灾民度饥荒。父女俩来到河堤上，只见宝石变成一棵大树，挂满果实，红红的和宝石一模一样，父女俩摘着尝了尝，又甜又脆。

原来宝石受了大自然润涵，灵气强盛起来最终长成树，结出如宝石一样的果实。父女俩摘下这些果实，分给饥民。但一棵树的果实不够，于是璪日复一日、年复一年栽种，树便成了树林。璪种的树就叫璪树。为了与“璪”区别，创造字叫“[棗]”，木代表木质植物，巾代表巾帼英雄，嫌一次不够敬意，连写两次。后来嫌麻烦将“[枣]”字下半部分变成两点，意思不变，这便是“枣”字的来历。

关于枣颜色的神话。

枣本为天界仙果。西王母派金童玉女持两颗仙枣到人间犒赏治水有功的禹王。金童玉女经不住诱惑，半路上偷吃了仙枣。西王母盛怒之下便把他们变成枣打下凡界，金童变成了长枣，玉女变成了母枣。

它们都生长在禹治水所在地黄河晋陕峡谷区流域。后来这儿的枣就叫“母枣”。可这时枣的颜色特征是初长时的青变为成熟时的白，气色不太好看。有一次王母娘娘想到人间看看，巡至黄河忽然闻到一股沁人心脾的枣香，循味来到一片枣林，王母娘娘顺手采摘，不小心被刺刺伤手指，殷红的鲜血滴到枣上，从此白枣变成了红枣。

关于枣字的神话。

相传中秋时节，黄帝带领大臣、卫士到野外狩猎。走到一个山谷中，人困马乏。这时见半山上有几棵大树，红果累累挂在树枝间，红若朝霞、灿若璞玉。黄帝顺手摘下一颗，含于口中。其味酸甜，顿觉神清气爽，体乏立消。士兵吃了连声说好，就请黄帝为该果赐名。黄帝说:“此果解了我们饥乏之困，一路找来不易，就叫‘找’吧。”仓颉造字时，为了区分“找”把字形就造成“[棗]”，后来为方便就变成“枣”，读音则一直未变。

第二节　红枣功能神话传说

关于红枣制品的传说。

相传有一孤苦的放牛娃拾到一颗红枣，将它放进缸里。下雨时，雨水洒进缸里，时间长了，枣发酵雨水就变成枣酒了。缸是神缸，不论人喝多少，缸永远是满的。酒香味扑鼻，香飘十里不散。有一天，附近的地主闻到酒香，顺香味找来，找到盛满枣酒的酒缸，并抢走了酒缸。可满缸的酒喝完后再也生不出酒来了。地主见到缸底的红枣，就用手去拿，不料手被紧紧地粘在了缸底拔不出来。此时红枣说话了:“我是宝枣，我是宝枣，物归原主，一路把鼓敲，手自然脱掉。”地主一一照办，才脱离危险。

红枣功能神话传说。

古时候，滨海某村有一户勤劳安分的三口之家。主人靠给人家扛长活为生，一年四季多半在外。家中老母双目染疾，里里外外农杂活计独靠年轻的媳妇照料。这年秋季，主人已外出三月有余未归。当时少妇已怀有身孕，她听说离村十余里的地方有一棵树，树上结有奇酸的小青果，用这些酸果熬汤涂抹，可治好婆婆的眼病。于是她不顾别人说三道四，给婆婆备下吃的，便瞒着婆婆去采摘青果。

多年的荒洼之地，杂草没膝，狼虫出没，荆棘丛生，使人毛骨悚然，不敢靠近。少妇却毫不犹豫，着魔似的径直向青果树走去。直到过半晌，她才走到树前。这时，她已经是头晕目眩、力不能支了，睁眼看时，那浑身长满针刺的棘子棵，把青果树团团围住，难以靠近。再往树上一看，不觉倒吸了一口气，只见那树杈中蜷曲着一条胳膊粗的巨蛇。要是别人早就吓跑了，但孝顺的少妇全然不顾自己的安危，强打精神，支撑起身子扑向青果树。当她全力挥刀砍向巨蛇时，巨蛇不见了！少妇急忙爬上树去，哪顾得棘针扎手，大把大把地将青果撸满袋子。她身上、手上的鲜血染红了棘子棵、染红了青果。

当夜少妇回到家里，浑身疼痛，难以安睡。朦胧中，一位鹤发童颜、笑容满面的老人站在她面前说："你的孝心感动了天地，此树当以你的血汗艰辛为记，此果将由酸变甜，由青变红，归你所有。"……少妇从惊喜中醒来，把梦中事说给婆婆。婆婆说："这是神仙给咱老实人赐的福，孩子，你看着，咱的日子有盼头了。"

第二天天刚亮，少妇睁眼一看，忽见窗外树影摇晃，心里纳闷。从窗户往外一看，只见那棵青果树挺立在天井里，枝繁叶茂，玛

鲜艳红枣

瑙般的红果挂满枝头。少妇赶忙叫醒婆婆，摘来几枚果子吃下。霎时间，老人双目变明，少妇的创伤也全好了。两人别提多高兴了，便请来一道人给树起名，道人笑着说："横棘竖枣（棗）是也。"

"日食三颗枣，长生不显老"典故神话传说。

史书记载，黄帝有元妃嫘祖、二妃女节、三妃彤鱼氏和四妃嫫母四个妻子。黄帝最宠爱嫘祖和嫫母，她俩共同辅佐黄帝修德、立农、治国，统一华夏。元妃嫘祖天生美丽，长得宛如天仙，而且聪慧过人，她驯化桑树发明养蚕抽丝织帛。当时，黄帝贵为有熊国君少典之子，不但英姿魁伟，善射精武，而且少有大志，满腹经纶，能言善辩，在有熊国无人可比。嫘祖经常跟随黄帝走南闯北，采摘野果，猎兽捕鱼，种粟制陶，磨玉刻骨，征战杀敌。

时间长了，嫘祖发现黄帝的神色有些变了。后来她发现自己脸色虽白嫩但缺红润，以致引起黄帝神色变化。于是她满腹心事，伤心地在小河边徘徊。这时，河里的鱼儿见她愁容满面，纷纷游弋到她面前说："姐姐不须愁，貌美枣里头，回家问妈妈，可解你烦忧。"树上的鸟儿也围着她轻轻呢喃："姐姐不须烦，枣里有美颜，妈妈都知道，秘方她掌全。"嫘祖急忙回家，把心事告诉母亲，母亲和蔼地对她说，鱼儿说得对，你每天吃点枣试试。嫘祖心里有了底，她除做好家务外把心思都用在养颜上。妈妈还告诉她，枣不能吃太多，一天只能吃三颗，她就照着妈妈吩咐，每天吃三颗。同时，将红枣去皮，砸成稀稀的枣肉泥薄薄地敷到脸上。

功夫不负有心人。保养不到半年的时间，嫘祖发觉自己的脸白嫩里透出红润，犹如一朵美丽的芙蓉光彩照人，原本苗条的身段更加婀娜多姿。嫘祖高兴极了，急忙来见黄帝。黄帝突然被嫘祖的美丽容貌、婀娜身段惊呆了，夸赞的同时连问原因，嫘祖如实相告。于是黄帝自言自语地说："日食三颗枣，长生不显老。"

红枣起源区域神话传说。

传说在很久很久以前，现在的黄河晋陕峡谷方圆八百里，群山巍巍，奇峰险峻，古木参天，绿草如茵。有一天，观音菩萨外出巡游至此，发现这里恰是一方仙家圣地，又见云雾缭绕间似有点点红珠，霞光隐约中放射着万道红光。"是何方圣物如此神奇？"观音菩萨想探个究竟，就变成了一个村姑来到山中……

山峦环抱之间竟然有一户人家，院前的山坡上一位老翁和一对青年男女正在开荒种地。男子生得浓眉大眼，方头大耳，挥舞银锄，开垦山地刨坑；女子柳眉薄唇，身姿绰约，清秀可人，怀抱一捆小树，栽在男子刨开的坑里；老翁颤抖着白须，手拿小盆往坑里浇水，古铜色的脸上充满了自信、期盼……小院里蓊蓊郁郁，一片翠绿，粒粒红果放着金光，煞是诱人！

观音施礼道："请问老人家尊姓大名，这里是什么地方？"

三个人这才抬头，诧异地看着来人，老翁缓缓道："这地方叫三，我叫河，他们是我的儿子秦和儿媳晋。"

"这是什么仙果，这般诱人？"

"这是我们的食粮，我们世世代代以此为生。"老翁自豪地说，"我们叫它圣果。”

女子放下手中的小树，摘了一把“圣果”送给观音说：“这荒无人烟的，姑娘要到哪里去？快坐下来歇歇脚，吃点果子解解渴，充充饥。”

观音含笑不答，只是问：“你们种的就是圣果树吗？”

“是啊，快要当爷爷了，好让我的孙子早点吃上圣果，让孙子的孙子早点过上好日子。”老翁的神情由喜变忧，“只是这荒山野岭，水实在太少了，不够浇哇！”

男子一直没有停下手中的锄头，汗水带着热气洒在了脚下的山坡上……

观音被这一家三口的勤劳、善良深深打动了，脱口说道：“老大爷，别着急，我来帮你。”说完净瓶一抖，只见老翁盆中的水越流越大，秦和晋见父亲盆里水忽然多起来，赶忙跑来帮忙，但水势汹涌，顷刻间变成了一片汪洋。老翁“河”随即融入了汪洋中，被册封为河神，后人以其名命此水为河。因为老人浇树时挟带了地上的泥沙，致使河水变浑，又有人说老人的脸是苍黄的，水因此而变黄，故而成了我们今天的黄河。

据说秦和晋被大水隔在了两岸，依附着父亲“河”整日相望。久而久之，秦带着他的勤劳、勇敢、朴实融入了河西崇山峻岭，晋也把她的聪慧、美丽、善良融入了河东山川，变为肥田沃土，二人分别成为陕西、山西人民的始祖。陕西、山西分别以秦、晋而称之。因秦晋原本为一家，所以现在人们说两家联姻为“秦晋之好”。又因这一带原名为“三”，后人为了区别黄河两岸两个地方，取其谐音，称河东为“山西”，河西为“陕西”；又说大水浇树之时，他们一家三口忙着浇树，便把它们浇树的地方叫作“三浇”，后改为“三交”；当时晋正抱着小树，观音点化后，隔在山西的晋怀中的小树须臾变成了大片树林。为让其早得贵子，世代兴旺，观音菩萨赐名此树为“早树”，此果为“早”，也就是我们今天的“枣树”和“枣”。

千百年来，“河”以其博大的襟怀哺育了一代代黄河子孙，“晋”以她无私的慈爱把甘美圣果“红枣”留给了沿河儿女，使三交人民世代享受这取之不尽、用之不竭的自然资源。

第三节 红枣功能故事

公元前342年，著名军事家孙膑在马陵道运用减灶计大败庞涓，红枣在减灶计中起了十分重要的作用。孙膑和庞涓都是鬼谷子的高徒。庞涓因贪图功名先下山侍魏，孙膑后下山在魏国遭庞涓陷害而受膑刑，后被齐人救至齐国侍齐。此后二人便开始了多年的战争较量。最为著名的是马陵道战役。孙膑率十万齐兵远征魏国，为诱敌追赶，孙膑运用了减灶计，三天减灶八成来迷惑庞涓。孙膑把五谷炒熟，碾成炒面，同时将红枣熏干碾碎掺于炒面中。这样充分利用红枣疏通肠道的作用，使红枣炒面既好吃，又好消化，耐饿又方便。将士们身带炒面，干吃、水拌均可食用，无须起锅灶。正是这种不用建灶也能解决将士生活问题的办法迷惑了庞涓，致使庞涓上当，以为孙膑所率齐兵仓皇逃跑不堪一击。于是庞涓命魏兵狂追至马陵道，和以逸待劳的孙膑军开战，结果魏军几乎全军覆没，庞涓被射死，魏国从此一蹶不振。

——孙膑用计打败魏军

大枣十枚，配合甘遂、大戟、芫花各1.5克治疗胸水腹水。

——东汉·张仲景《伤寒杂病论》

东汉陈自明医生遇一病人，经常痛哭流涕，哭后便感到特别舒服。医巫皆无效。陈自明用甘草二两、小麦一升、大枣十枚煮水服十余次而愈。

一人饮食逐减，脾胃虚寒，常泄食物不化。名医张锡纯用生白术、干姜、鸡内金各二两研细末，与熟枣肉半斤捣成泥，做成小饼，空腹时细嚼慢咽颇有效。

——东汉·张仲景《金匮玉函》

枣林坪濒黄河东，有一张氏女，煮枣数日始熟，香飘万里。闻之，死者生，病者起。黄河晋陕峡谷区又称红枣为“尘世仙药”。

——北宋·孙光宪《北梦琐言》

少君言上曰：“祠灶则致物，致物而丹沙可化为黄金，寿可益，蓬莱仙者可见；见之，以封禅则不死，黄帝是也。臣尝游海上，见安期生，食巨枣，大如瓜。安期生仙者，通蓬莱中，合则见人，不合则隐。”于是天子始亲祠灶，遣方士入海求蓬莱安期生之属，而事化丹沙诸药齐为黄金矣。居久之，李少君病死，天子以为化去，不死；而海上燕、齐怪遇之方士多更来言神事矣。

——北宋·司马迁《资治通鉴》

十月取大枣，中破之，小火反复炙香，煮汤饮，健脾开胃甚怡人。

唐代孙思邈活到101岁，后人称为“孙真人”“药王”。据他解释因服食红枣。“久服轻身，长年不饥，似神仙。”

——明·王象晋　《群芳谱》

明代鼠疫医学家、传染病学专家吴又可认为，不可用雄黄、桂枝等辛温之药强行发汗，宜达原饮，达到使邪气尽快从膜原溃散，以利于表里分消目的。达原饮由槟榔、厚朴、草果三味药组成。同时又创立“三消饮”。“三消饮”由大黄、羌活、葛根、柴胡、生姜、大枣组成。

——明·吴又可《瘟疫论》

东坡居士歌云：三钱生姜（干，为末）一斤枣（干用，去核）、二两白盐（炒黄）一两草（炙，去皮）。丁香木香各半钱，酌量陈皮一处捣。去白。煎也好，点也好，红白容颜直到老。

——明·高濂《遵生八笺·饮馔服食笺》

以上神话和传说故事除署名外均来源于《中国枣文化大观》和网络文章。

以上神话、传说故事，或治病药方所含信息量大，我们选取主要内容分析可以得出这样几个结论：一是红枣文化历史悠久，与中华民族远古神话直接连接，是中国远古神话的重要组成部分，共同构成中华民族远古神话世界。如果说中华民族精神的基因存在于远古神话里，那么也存在于红枣神话里，所以红枣文化就是中华民族精神最原始成分、养料之一。二是黄河中游晋陕峡谷是红枣发源地，现在该区域临县、柳林等地都还有传说故事中的地名，绝非偶然。我们无从考证这些地名与这些传说中的地名是否一致，但至少显示出有些关联的信息。三是红枣药食同源，价值非凡。四是红枣被赋予很多文化符号：生殖繁衍、生命特征、保健补品、秦晋友好、风俗民俗等。五是红枣字、音、颜色等外在形式都被赋予了相应内涵，显示出特殊性。六是红枣在中华先民生产生活中十分普遍，占有十分重要位置，渗透在各种生产、生活环节中，并移植、嫁接到民族血液、骨髓中。

第三章　红枣与传统文化

文化发展变化是有规律的。与受认识局限影响形成的红枣神话文化并行不悖发展的是红枣民俗文化。民俗文化是对人类生产、生活活动概括总结后再用合适的形式予以表现的一种文化形式。贴近现实生活、乡土气息浓厚、民族特色鲜明、体现方式多样、形式生

红枣灯笼（刘生锋摄）

动活泼是其鲜明特点。红枣民俗文化也体现出了这种特点。

第一节　红枣与民俗

红枣是大自然赐予黄土高原黄河流域中华民族特殊的物种。红枣是百姓生活中不可缺少的食品，人们喜爱它并赋予它深刻的内涵。红枣寄托着人们的信仰与生活的情趣，象征人们对美好生活的向往。红枣渗透到生产、生活各个环节中形成的民俗文化成为一种特殊的符号，成为人们精神内核的外在呈现。

以红枣为主题的古老习俗在一些农家传承。比如在门面上展开的民俗图：漂亮的枣囤，炫耀着圆鼓鼓的大肚子，仿佛盛满主人的喜悦；整齐的枣牌，由红枣排列的两个菱形组成，彰显着对称美；枣串犹如倾泻的红色瀑布，在洁白的窗户映衬下格外生动。以红枣为内容的剪纸在节日期间张贴在窗框等各种显著位置，既使红枣形象生动，又凸显了鲜活艺术魅力，同时又渲染了节日气氛。

红枣馍（河南好想你集团）

民间用红枣做成的随节令变化的多种食物彰显了红枣无处不在的功力。比如二月二日传统吃枣豆子，即将大红枣、红豆、豇豆等一起放入开水锅，用温火焖煮到烂熟如干饭；清明节还有蒸燕燕的习俗，即白面发酵后，捏成飞鸟燕雀

红枣剪纸（贺丰提供）

及十二生肖等各种形状，等其出笼后用线穿成串，间以一颗颗红枣悬挂屋内；端午节的传统食品粽子中也有枣，即以软米、大枣为主料，用苇叶包成三角形拳头大小煮、炖吃；九九重阳节吃“重阳糕”；农历十二月初八是腊八节，家家户户都要吃腊八粥，它的原料也离不开大枣；大年三十吃年糕，不论是案糕还是油糕都需要大枣。此外，普通日子里老百姓也时常会把大枣蒸进馒头或煮进小米粥中。红枣是贯穿一年重要时令节日、庆贺节日用的主要食材，无时不用、无处不在。

红枣的生活习性特点也被移植、嫁接到先民的日常生活中。红枣当年种植当年挂果，红枣挂果多、产量大等生活特点大量移植到婚俗中。男女定亲，在女方接受男方的彩礼后要回礼，即“过彩礼”，在回赠的礼盒中放五个核桃，两个枣，寓意“五男二女，七子团圆”。女方在女儿出嫁前要准备华丽、时尚的衣服和被褥等陪嫁品，要在装衣物的箱子底部放些干枣；出嫁时女方的嫁妆中必须有用枣木做的木制家具，最少也得用枣木做个梳妆盒，里面也得装上红枣；出嫁时蒸的花馍馍上布满红枣，意思是祝愿新人未来的生活红红火火。男方也要在新娘“过门”的前一天给女方送去整鸡、整鱼、方肉、枣、栗子、花生等食品，并将枣、栗子、花生偷偷地放入随嫁的被褥内，以备当天接嫁妆的人取食逗乐。娶亲的这一天，婆婆希望自己未来的媳妇儿女双全，希望自家人丁兴旺、孙子孙女绕膝，事先要准备好足够上好的干枣、花生分发给前来闹新房的亲朋好友。新娘迎入洞房，窗子四角用红纸糊好，格内装上红枣、核桃各两枚，炕上四角也各压两枚红枣和核桃，寓意“早生贵子，生活甜美”。

红枣民俗也体现在结婚时的各种礼仪中。新娘的礼节十分繁缛，但繁缛的背后是红枣文化的丰富多彩。文献记载表明，结婚时新婚夫妇互赠红枣，也有新娘以枣、栗拜见舅姑，意思是夫妇双方都要对婚姻虔诚、尊敬，同时暗含男女有别，妇女的行为受到严格限制，要随时以枣、栗所暗示的“早起战栗”观念来“自正”、约束自己。

红枣牌（刘生锋摄）

如《礼记·曲礼下》:“男贽，大者玉帛，小者禽鸟，以章物也；女贽，具榛、脯、修（脩）、枣、栗。”《国语》:“夫妇贽，不过枣、栗，以告虔也。”这里的“贽”同“挚”，意思是“旧时初次见人时所送的礼物”(《实用汉字辞典》，上海辞书出版社1985年版，第844页)。“枣”，“早”也，“栗”，“肃”也，这些礼物都是用来敬告双方对婚姻的“虔敬”。《礼记·士昏礼》:“妇贽舅同枣栗。”“舅”指公公，就是说新媳妇初次见公公时必须带枣。据邓子琴先生《中国礼俗纲要》记载，中国古代，正婚礼之后还有极重要的婚后礼，即新娘还要与其他家属见面，以“正名定分”。而诸多家属中，最重要者便是舅、姑，即公婆。这时，新娘拿枣拜见公公，意思就是新娘用枣指代，表达自己“早生”“快生”“多生”的态度，以完成家族延续、人口繁衍、传宗接代的任务。红枣和栗子、榛果等果实都是“上品”，常用于祭祀，是宫中的食品，如果新娘用作送给男方父亲的初次见面礼，就代表非常虔诚、敬重的心意。汇总以上意思，红枣以各种寓意表达内涵。一是以名表义，即取物品的谐音表达。枣代表“早起”，表示怀着一颗诚敬的心，随时内省自己扮演一个好主妇的角色，尽到对家庭的责任。二是以质表义，即取物品特点表达意思。红枣象征赤心真诚，表示新娘对丈夫怀着真诚实意、真心诚意，同时对婚姻的信诺坚定不移。三是以特点表义，即以物品的食用

红枣蒸饭

结婚红枣干果盘

特点表达意思。红枣味道甜美，象征婚姻甜蜜、家庭经得起火的考验，能够幸福长久。这种借用红枣的各方面特点表达婚礼各种意思的方式，既使红枣文化丰实，又使婚俗内涵深厚，同时也使婚俗仪式多样，说明了红枣在婚俗中的特殊地位。夫妇双方虔虔诚诚地敬重对方，战战栗栗地约束自己，勤勤恳恳地勤奋持家，坚坚实实地守时不失节，遵守家庭伦常尽自己的家庭责任，婚姻就能经得起考验，能长久地存在。这种时时日日、岁岁年年真实承诺，踏踏实实建造甜蜜家庭，是典型的东方式对婚姻、爱情的承诺，是典型的红枣本意移植、嫁接到婚俗中发生的世俗意义。

中国民俗学会理事、陕西民俗专家、榆林学院教授郭冰庐在《陕北红枣文化的生殖、生命象征意义》中集中对红枣在婚礼仪式中的形式及意义进行了总结。

在人类的生活中，男女通过婚媾而和合，它既是生理本能的需要，又因此而生儿育女，使种族得以繁衍和延续。人们在人生最隆重的婚礼仪式中，找到了最能满足这些条件的象征性植物果实——红枣。所以红枣以一种无可替代的“道具”的身份体面地成为贯穿婚仪全过程的红线。枣树的自然属性是早结果，当年产枣；结果时间长，百年以上，有的竟达千年以上；结果繁衍，一棵树可产数百上千斤枣。因此，早生子、多生子功能的观念在人们意识中沉淀下来，并集中体现在婚俗领域。

1.订婚（纳吉）时“以枣为塞”、馈枣。订婚时，“男家遣媒送酒盈樽，以枣为塞，俗呼‘定婚’”(《横山县志》民国十八年榆林东顺斋古厂古印本，卷三，第22页)。同时，男方还要赠两袋红枣和二十六个大红枣果馅。果馅赠两个媒人各八个，女家十个，女家再退回两个以示“礼尚往来”。女家留之八个再分赠亲戚邻里品尝，以示女儿“有主儿了”。

2.请期（送期）时馈枣二斗。“婚期有日，择吉具米、麦、枣、豆八斗，水礼八色，雄雌鸡、鸭各一对，并赠环、衣服数事（丰俭称家有无）……名曰‘送期’。”（胡朴安:《中华全国风俗志》，河北人民出版社1986年版，第223页）

3.拉枣枝及《拉枣歌》。陕北南部地区，在婚礼仪式中讲究“拉枣枝”。“拉枣枝”涉及如下方面。一是道具。道具有两件：一件是事先准备好的成熟落叶的酸枣枝，长数尺，尖刺上扎（“栽”）满红枣、核桃和面兔儿；另一件是新缚的扫帚，扫帚上绕满五色纸条。二是角色。角色由新郎的姑夫、姐夫或其他同族中口齿伶俐且与新郎、新娘有戏谑、调侃角色关系的人担任，起码得把《拉枣枝歌》背得滚瓜烂熟，如能在此基础上即兴发挥则更好。三是《拉枣枝歌》。这是一种兼具婚礼仪式程序、求吉利、带戏耍的歌词，无谱而诵。这就是抗战时期语言学家黎锦熙教授总纂的《洛川县志》中所说的“一善口技者，手持枣刺一根，悬满果实之类，高声朗唱《拉枣歌》”，该歌被定名为“喜歌”，长达114句。黎锦熙教授又把它分为缚轿、新媳妇到门、招待送女客、新妇下轿进门、拜天地、入洞房揭盖头、踩四角等几部分。《拉枣枝歌》的全部意义在于以枣枝以及上头扎的红枣和核桃为中心架构生育和生殖繁衍观念。

4. 老者“撒汉豆”。陕北在婚仪中有“撒汉豆”之风，即由一子孙满堂的老者手执一只开子，内中装满栗子、核桃、红枣、糖果、钱币、谷草节节之属，于新妇行进中望门边撒边念：“一把栗子一把枣，小的跟着大的跑。”这一风俗在古代叫作“撒谷豆”，《东京梦华录》记述了东京汴梁的“撒谷豆”，可见这在宋代就很盛行。

用红枣布置结婚现场

5. 公公隔窗抛枣。新婚夜新郎新娘入睡以后，由公公肩搭褡裢，手持笤帚或扫帚，一手拄擀面杖，边走边念：

“骑扫箒，拄擀杖，有的儿女都赶上。养小子，要好的，养女子，要巧的，石榴牡丹冒铰的。”

走至洞房前，把褡裢内的红枣、核桃、儿女馍馍从窗眼掷向炕头，供新人摸黑抢食，同时继续念叨：

“双双核桃双双枣，双双儿女来得早。男夹个核桃女夹个枣，双双儿女满炕跑。坐下一板凳，站起一格楞（一摊）。”

生的儿女像用擀杖赶，用扫帚、笤帚扫一样多，都是企盼儿女或子孙绵绵不绝的一种祈求行为。

6. 枣、栗奉公婆。新媳妇见公婆是婚礼仪式重要的一环。初见公婆的见面礼就是红枣和栗子。“其明日，婿妇见庙，妇执枣栗见舅，腵修见姑。”《仪礼·士昏礼》：“妇贽舅用枣栗。”这里的“舅”就是对媳妇而言的公公。古时解释，“枣，早也；栗，肃也”。陕北民间对“栗”的直白解释就是“栗子”即“立子”。所以“枣”“栗”体现的是由母系氏族社会转变到父系氏族社会以男性姓氏为中心的为本宗传宗接代的繁衍体系。向公婆献枣栗，是一种早生儿子的承诺。可见枣子作为见面礼含义之深了。

7. 回门搅枣。回门，婆婆把红枣、核桃倒入新娘的箱柜里，边拨拉边说：“一搅两搅，儿多女少。搅得乱乱的，生得花花的。”直接把此两物视为儿女了，而且规划了比例：既要儿女双全，还要儿多于女。

生殖崇拜实际上是一种极坦诚、裸露的崇拜，在原始初民看来，这不用羞涩和遮掩。实际的思维流程是“生殖崇拜的最初阶段是对生殖器崇拜，生殖器崇拜的表现是对生殖器象征物的崇拜，其深层含义是祈望生殖繁盛，亦即解决人口问题”（赵国华：《生殖崇拜文化论》，中国社会科学出版社1990年版，第391页）。依此理解红枣以至核桃作为生殖器象征物的明确指归就很明白了。

——郭冰庐《乡土陕北》

“门前一株枣，岁岁不知老。阿婆不嫁女，那得孙儿抱。”这是一首隋代无名氏作的歌谣，以“枣树”指代适婚女子，透露了红枣在家庭、婚姻中指代的唯一性及用法的普遍性和不可替代性。

在山西柳林，还有一种别致有趣的求子习俗。女子婚后不育，家里人就在八月十五这天到别人家“偷”红枣或核桃，或是在正月到多子多孙的人家偷灯、偷面狗。被偷的人家不但不责怪，佯装没见，而且内心祈祷着他们如愿以偿，“枣”（早）得贵子。民间把祈求多子多福、传宗接代的民俗心理寄寓在特有的物产上，赋予红枣以深厚的民俗意蕴，意味深长。

综上，红枣是伴随百姓全年过节的主要食品；红枣是伴随人从出生到下葬一生的美味佳品；红枣也是伴随人从定亲开始，一直到婚后添人加口婚姻全过程的指代物品，这些都说明了红枣在中华民族生活中既普遍又高贵的一面。红枣在婚俗中既被赋予内容，又规范形式并且全过程、全覆盖使用，所传达出的信息是，红枣是生殖崇拜的重要内容。婚俗中的所有程序仪式是生殖崇拜的具体内容，生殖崇拜靠红枣婚俗包装、演绎、铺陈和解释。对于人类早期来说，繁衍人口、壮大部落力量是优先考虑的问题，所以早产、多产、顺产、产后健康发育成长是人类发展的前提，于是就产生了人类的生殖崇拜。因红枣剖面像女性生殖器，属形而下的生殖器具崇拜；红枣文化又包含了人类繁衍规律、生命价值等内容，属形而上文化，所以红枣文化是兼具形而下、形而上的生殖文化崇拜，它和具体形而下的人类生殖器具崇拜共同构成了中华民族最早的生殖文化崇拜。有意思的是，中外人们对红枣的认识有相似性。中东生产一种果品叫椰枣，它的生长习性、功能特点和黄河流域的红枣十分相似，其营养丰富也是一种滋补良药，所以在阿拉伯世界有“圣果”的称谓。有人说在汉朝、有说在唐朝时经丝绸之路传入中国。因椰枣具有扩张功能，所以阿拉伯妇女在临盆前吃椰枣以利于生产。阿拉伯世界认为椰枣是生育、顺利、多子多福的象征，所以有“椰枣是母亲、姑妈、姨妈”的谚语（文物鉴赏专家崔凯语）。缘于功能类似，中外人们对它们的评价也十分相近。这不是巧合，说明人类思维符合认识规律，也说明功能相似的物品在不同民族间也能形成雷同的文化现象。

红枣还有其他寓意。母亲给外出的子女捎衣服时也要夹带一把红枣，盼孩子早日归来。孩子考试时吃的饭是各种糕和红枣的制品，寓意高中、考中。作为吉祥物的红枣在为活着的人传递着祝福的同时，也为生活之外的神和故人送去无限崇拜和敬意。每逢春节、元宵节等传统节日人们会在神台上供枣山，寓意节节高，这些供品都是在加工过的面团上插上红枣，用来祭祀诸神先祖；腊月二十三各家都要蒸枣山，蒸好后献到灶神、门神面前；正月十五家家烧野火时把枣山在柴火中烤得金黄酥脆，然后由家中的年长妇女切成小块分给家中的儿孙们吃，意思是企求儿孙们得到神灵保护，四季平安。

香港人饮茶要在茶碗中放五个红枣，寓意“五子登科”。新疆、青海、甘肃、内蒙古等地的人们喝盖碗茶，里面放两个红枣，寓意“二龙戏珠”。朝鲜人用红枣做成各种工艺品挂在家中，寓意喜庆吉祥。东南亚、新加坡、中国沿海地区的人们喜欢红枣，寓意“早早发财”“早生贵子”“早日高升”等。红枣文化不仅在世界华人圈中流行，也走出国门、浸染世界其他民族。现在世界上有大中华圈的说法，是指围绕中国周边、以中华文化为纽带串联起的一些国家。而这些国家中大都沿用红枣民俗，红枣文化俨然成为连接中外文化的桥梁和纽带。

对梦境的解释也是民俗文化的组成部分。中国解释梦境有着悠久历史，后人假借西周时期周公旦写成了《周公解梦》一书。

《周公解梦》内容中有不少关于红枣的解释，我们姑且不论正确与否，但至少说明两个问题：一是红枣自古就渗透在人们生活中的各个方面，成为人们生活的必需品；二是从内容看，红枣充满了正能量，寓意吉祥、圆满，使人充满憧憬、充满期望，象征美好生活。现举例说明。

梦人赠枣：求名梦此，将有誉于天下；求利梦此，财百倍而称心；求子梦此，即得男而大贵；病患梦此，灾悔除而康宁。

梦枣：枣、早同音，梦之者，主名利早得、婚姻早成、子嗣早招，乃喜气重重之象。

梦食枣者，主生贵子；梦见红枣是出远门的预兆；旅游者梦见红枣，旅途会很顺利；病人梦见红枣，身体会很快康复；梦之捅枣或打枣，预示生意会扩大，很快会获得成功；孕妇梦见红枣，腹中怀有男宝宝的概率很大；梦见捡红枣，暗示近期会获得意外帮助。

第二节 红枣与五行学说

自然界的各种事物都是有联系的，联系都是有规律的。中华先民把内在有联系、合乎事物发展特点的规律总结概括起来便形成各种学说。五行学说就是中华先民探索总结出来的学说，是中华文化瑰宝之一。

阴阳五行学说是将世界万事万物按五种形态比类到五种具体事物中、用来解释世界万事万物运动形式以及转化关系的学说。该学说认为木、火、土、金、水是构成世界最基本的五种物质。这五种物质事物相互滋生、相互制约，处于不断的运动变化之中。这种学说对古代其他各种学说有着深远影响，如中国天文学、气象学、化学、音乐学和医学等，特别是对中国传统医学的形成、发展起了理论指导和奠基作用。

五行概念首先出现在《尚书·洪范》中。“水曰润下，火曰炎上，木曰曲直，金曰从革，土爰稼穑”，这里的水、火、木、金、土五种最基本的物质就是指五行。到了春秋时期，五行开始具有抽象意义并开始向其他事物延伸。《左传》《国语》中把它当作一种思维模型用来解释五声、五味、人体五脏等其他事物。也就是说，先民用这些事物具体形象，通过想象、类比、推演等方法，并与特殊的“数”相结合探究整个宇宙间事物的内在联系、本质和规律，他们把这种方法称为“象数思维”。通过“象数思维”就将整个宇宙组成了一个以木、火、土、金、水五行为核心的整体系统，并形成之间相生相克的关系。下面，我们以“土”为例，看五行学术是如何将自然界万事万物联系起来、并纳入到一个整体系统中的。《黄帝内经·阴阳应象大论篇》:“中央生湿，湿生土，土生甘，甘生脾，脾生肉，肉生肺。脾主口。其在天为湿，在地为土，在体为肉，在藏为脾，在色为黄，在音为宫，在声为歌，在变动为哕，在窍为口，在味为甘，在志为思”（《黄帝内经》，北京联合出版公司2014年版，第26页），意思是将“中央、湿、甘、脾、肉、口、黄、宫、歌、

哕、思”等一系列“象”都归为五行中的“土”。至于为什么要把这些“象”归为土呢，它是这样解释的。因为“湿”的小篆意思是水边显露出来的地方，水边的土地多为河流冲积而成，土壤肥沃，所以古人认为，湿气可以滋养土气。因此，湿和土产生了联系。又因为土养万物，各种植物都生长在土地上，土地上生长的植物结出果实又提供给其他生物营养。《尚书·洪范》“土爰稼穑”指的就是农作物。而当时黄河中下游地区，也就是中原一带，较为适宜人类居住，和土代表的承载、化生、孕育之义吻合，同时，这块区域又是中原文明主区域，是中央，故中央属土，《内经》所说的“中央生湿”原因在此。“土”的味道腥甜，所以甘也属土。“甘生脾，脾生肉”可能与谷物里甘味食物常常被作为主食，吃甘味的食物可以使身体康健，不容易损伤脾胃有关。因此甘味有滋养脾胃之气的作用，甘和脾就产生了联系。而脾胃功能正常的人，往往肌肉健壮，由此脾和肉也产生了联系。宫、商、角、徵、羽五音当中，宫为喉音，其声极长极下极浊，通于胃气，故属土。至于“其变动为哕”“其志为思”，应该是古人通过脾胃的病理现象而得出的结论。思虑过度会影响脾胃，使脾胃功能下降，而脾胃的疾病往往伴有呕吐嗳气的症状。因此把“哕”和“思”归于了“土”。

根据上述“土”和方位联系，进而推演出脾胃、粮食味道等内容中，我们看到《黄帝内经》中所提及到的各种“象”在五行体系的归属大部分是根据自然现象、生活经验确定的。依此类推，把五行中其他物质也类比推演出一类型事物，并演绎成相生相克关系。至此，五行整体系统便构建了起来。五行是联系《黄帝内经》中各种生理病理的“象”的枢纽，是大厦的地基。而这座大厦的建

立，所依靠的就是取象比类、同气相求、归纳演绎等方法。（张其成《〈黄帝内经〉中的象数思维》）

中国传统医学就是在五行学说基础上像上面推演一样使人体，包括各种疾病和宇宙界的万事万物联系起来的。下面我们再把人体的脏腑组织、生理活动、病理反应和人类生活密切相关的自然界事物进行推演。

一是用五行之特性说明五脏之功能。如木性生发条达，肝性喜条达而主疏泄；水性滋润下行，肾藏精而主水。因此，肝属木、肾主水，其他脏腑亦是如此。

二是形成了以五脏为主体，外应五方、五季、五气等，内联五脏、五官、形体、情志等功能活动的完整系统。

三是用五个功能活动系统，说明人体的内在环境与外在自然环境之间存在对立统一的联系。如春属木，肝气旺于春，春天多风等。在内则肝与胆相表里，开窍于目，主筋，主怒，在病理上易于化风等。中医学运用了五行类比联系的方法。根据脏腑组织的性能和特点，将人体的组织结构分属于五行系统，从而形成了以五脏（肝、心、脾、肺、肾）为中心，配合六腑（胆、小肠、胃、大肠、膀胱、三焦），主持五体（筋、脉、肉、皮毛、骨），开

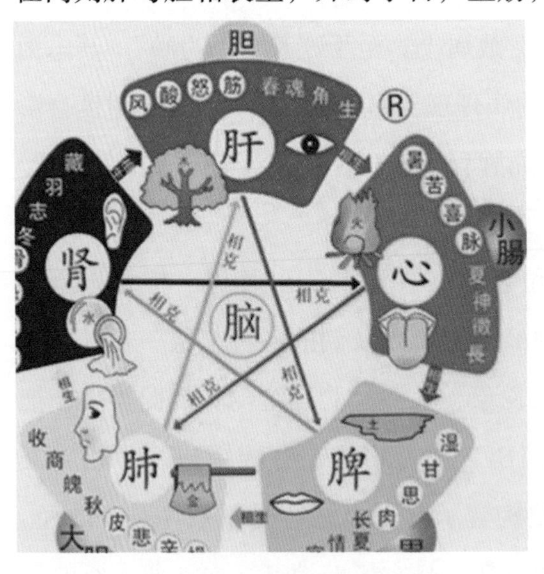

人体五脏

窍于五官（目、舌、口、鼻、耳），外荣于体表（爪、面、唇、毛、发）等脏腑组织结构系统。中医学根据“天人相应”的观点，运用事物属性的五行归类方法，将自然界的有关事物或现象也进行了归属，并与人体脏腑组织结构的五行属性联系起来。如人体的五脏、六腑、五体、五官等与自然界的五方、五季、五味等相联系，这样就把人体与自然环境统一起来，反映了人体内外环境之间的相互收受通应关系。

中医学认为，五脏的功能活动不是孤立的，而是相互联系的。五脏是人体生理活动的中心。五脏之间在生理上相互联系、相互协调，共同完成整体的生理活动。五脏配属五行，不仅阐明了五脏的某些功能特点，而且认为五脏之间存在着相互滋生和相互制约的联系，并由此说明五脏之每一脏都与其他四脏发生着关系，从而概括出五脏的整体联系。

五脏之间的生克关系，说明每一个脏器在功能上均有他脏资助，因而本脏不至于虚损；又能制约其他脏，因而使他脏不致过亢；若本脏之气过盛，则有他脏之气制约之；而本脏之气虚损，则又有他脏之气以滋养之。可见，通过这种生克关系，把脏腑紧密地联结成一个整体，从而维持了人体内环境的协调统一。

关于人体与外界环境，如四时、五气，以及饮食五味、五色、五性的关系，中医学也是运用五行规律解释说明的。

五行学说起源于何时，由谁创立，无法考证，也不重要，但有三点是肯定的。一是五行学说来源于先民对自然规律和自身生活的总结；二是学说创立经历了漫长过程；三是自然界的各种物质都可以是五行学说的来源。所以，最早进入先民生产生活中须臾不离的

中医脏腑理论

土(脾)
消化系统
滋补开窍于口、唇
其华在肌肉
表象:思,黄甜

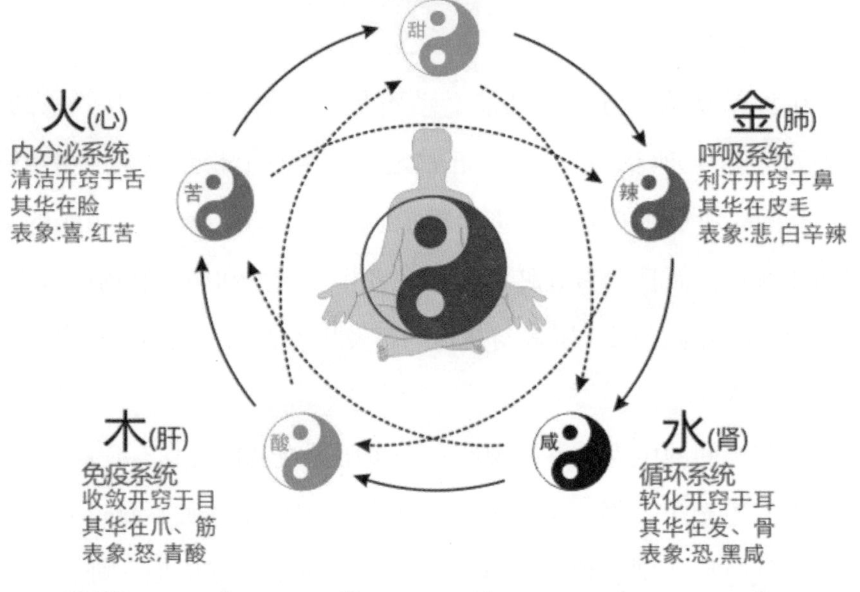

五行:	木	火	金	水	土
季节:	春	夏	秋	冬	长夏
气候:	风	热	燥	冷	湿
情绪:	怒	喜	悲	恐	忧
五脏:	肝	心	肺	肾	脾
六腑:	胆	小肠	大肠	膀胱	胃
一色:	绿	红	白	黑	黄
五味:	酸	苦	辣	咸	甜
五官:	目	舌	鼻	耳	口
形体:	筋	动脉	皮肤	骨骼	肌肉

中医脏腑理论图

红枣也应是“五行”学说来源的对象之一。

根据五行学说观点，人体五脏各司其职、正常运转、相互生克、相互平衡，保持人体健康。而要达到人体平衡、保证各种脏器正常运转，首先需要膳食平衡，这就需要摄取各种颜色、各种品性、各种特点的食物。

红枣的功能作用便有施展舞台了。五脏中，肾是阳气的根本，脾是阳气生化之源。人类吃食红枣可以达到补气、补血、调节情绪、缓解神经衰弱、抗疲劳作用，尤其是女性长期吃红枣可以祛除宫寒的毛病。现在综合汇总红枣习性功能、营养价值等方面特点，然后和五行学说理论进行比照，揭示红枣在平衡人体中的独特作用。

一、红枣与“五味”

“五味”是酸、甜、苦、辣、咸的统称。在品味“五味”的同时，能量也会传递到人体内，对人的生命活动产生重要影响。大自然虽然给人类提供种类繁多的各种食物，但各种食物都以单味见长，如咖啡、巧克力等以苦味见长；碳水化合食物以甘味见长；海鲜类以咸味见长；大部水果以酸味见长；生姜、辣椒类以辣味见长。人体是个平衡系统，也就是说需要摄取各种味道的食物才能达到系统平衡。红枣以多味见长，红枣入口微酸、灼辣，回味甘甜，甜中带苦，诸味咸调，兼顾自然界之五味，就能经济高效地满足人体对自身系统平衡的要求。

二、红枣与“五色”

五行学说有五色（白、黑、绿、红、黄）对五脏的理论。不同事物的颜色代表了它们不同的质地，不同质地的食品又各具功能，各具功能的食品又滋养着对应的五脏。人体通过摄取各种色彩质地、各种功能食物保持人体平衡，使人保持健康。自然界很多食物都是单色物质，很难找到多种色彩兼备的食物。从健康学分析，颜色越深的食品保健作用越强。红枣就是颜色多样而且色彩比较深的一种食品。由红色、深紫色、绿色等组合而成，是同时具有五行中五色的食物。红枣颜色丰富多彩，不但给人一种感官上的享受，也具有五行要求的各种颜色食品的特殊能量和功能价值。

三、红枣与“五性”

五行学说广泛用于对食物属性的定性中以确定食物温、热、寒、凉、平的属性。中医分析认为，大部分寒性的药材产于南方，而温热性药材大都产于北方，这完全符合我国五行学说理论。有些温热食品需反季节食用，比如生姜性温热，但在最热的夏天吃姜有益健康，所谓冬吃萝卜夏吃姜就是这个意思。《本草纲目》明确说红枣性温，南、北方人都适宜食用，各种身体状况人都适宜食用，各种区域环境下一年四季都可食用。

第三节　红枣与儒家学说

儒家学说是中华文化体系中最具特色、最典型的文化。儒家学说的核心内容包含在“仁、义、礼、智、信、孝、忠”等字所蕴含的思想中。这些内容成为千百年来中华民族每个人遵循的行为道德规范和追求的人生目标。中华民族被称为“礼仪之邦”，这种名分就是靠这些内容支撑和规范的。一般来说，抽象的东西难以理解，在具体生活中也难以遵守，效果就会大打折扣。为此，把这些抽象的内容变成一种具体的物象物品，变成人们耳濡目染的东西，变成一种具体标准就好理解、好遵守了。这需要一个转换的角色和桥梁，红枣便充当了这个角色。红枣在这些内容里和前面婚礼中所扮演的角色一样，承担的职责一样，不仅表达内容，而且规范仪式。

一、仁

儒家学说集中反映在孔子的言论集《论语》中。《论语》文章很短，但反映了孔子所倡导“仁、义、礼、智、信”等字包含的意思。孔子一直推崇“仁者爱人”，可以说“仁”就是孔子思想的核心。孔子认为，一个人，要想成就理想人格，首先要有一种善良的品性，要“泛爱众而亲仁”，要做有道德品行的人，养成“君子”，进而达到修身、齐家、治国、平天下的政治理想。他主要从人的本身出发，重点探讨和阐释人的本质、人生的价值和意义、人区别于动物的道德本性以及仁德实践的原理和规律等方面。因为孔子出生在春秋战国乱世时期，孔子的生活也是颠沛流离。作为亲身体验者，他深切感受到礼崩乐坏给社会带来的危害，所以他力主“复礼”，继承周三代文明余绪，特别是周公倡导的礼乐文治教化思想，以人的血缘亲情的仁爱精神唤起人的道德理性和社会伦理责任。孔子所处的时代，社会结构主要是血亲关系结成的宗法制家族的聚合，人们生活与实践的范围主要还在家庭与家族当中。“仁”的伦理信条出发点在个人，但归结点在家庭、家族上。每个人必须先从他周围的家人开始讲道德，进而才是家人的亲戚、亲戚的亲戚。这便是由近及远的道德推

行、或称教化。它教人积善成性，修己安人，从而使分崩离析的社会重新复归于秩序，稳定和谐。那么怎样才能做到仁德呢？孔子除提出以中庸为核心的方法论体系和“己所不欲，勿施于人”道德实践思想外，还强调人与人之间要有相处之道，这就是“仁”。“仁”字就是二人意思，就是说人与人在一起相处时要有“礼”，讲仁义。“礼”不仅有形式，还要有内容（后文“礼”部分详说）。总之，孔子仁学的实质内涵，就是关爱他人。那么，怎么关爱，就要不仅用红枣等礼品表达具体关爱，而且用红枣礼仪规范关爱程式。西周时，不仅对活着的人用红枣表达关爱之情，而且规定死人下葬前最后祭奠礼品必须用红枣制品，第一次祭庙必须要用红枣。同时用什么东西盛放红枣、用哪只手拿红枣、把红枣摆放在什么位置、由谁摆放都有具体规定。可见红枣既表达感情，又规范关爱程式。

二、孝

以食用为主要特性的红枣千百年来被人们抽象成一种具有孝道文化的物品，承载、传承、延续着家族伦理观念。《礼记》中记载，“子事父母，妇事舅姑……枣、栗、饴、蜜以甘之”。意思是说把枣等献给父母，表示了子女对父母的孝心。另一方面，中华民族传统文化中有“不孝有三，无后为大”内容，意思是没有后代是最大的不孝。那么，如何才能“孝”，就是尽快生育、繁衍后代，所以结婚时就用“红枣”作为礼品送给新婚夫妇，表达早生贵子、繁衍后代意思。可见，红枣就是完成传宗接代、繁衍后代的指代物品，有了红枣才可能杜绝“无后”顾虑，尽快完成所谓“尽孝”任务。尽管是封建糟粕，但反映了人们当时的意识，显示出红枣承载着“孝”

的一面，某些程度上说，红枣就是“孝”。这种以“红枣”为载体的孝道文化维系着几千年来以婚姻为基础、以血缘为纽带、以家庭为单元纲常伦理观念的封建宗法社会结构，它像一根绳索不仅串起了几千年文明社会，而且固化成思维方式和行为规范，约束着中华民族建立起一种超稳定的社会结构。

关于“孝”的意思，从“孝”字结构上也能领略一二。“孝”是会意字，是由上面“老”、下面“子”组成。“老”代表上一代，“子”代表下一代，上一代跟下一代是一个整体。只有繁衍了后代，才是一个整体，整体存在才叫孝，如上一代和下一代分割，孝就没有了，就是不孝，所以“传宗接代”是最大的孝。关于孝，中国古代舜帝给后世子孙做了最好的榜样。舜很小时失去母亲，父亲再娶，后母不喜欢舜。后母又生了一双儿女，总想杀死舜，几次加害舜。舜自己也知道后母的意图，但是他没有觉得父母有过失，而是认为自己做得不够好才让父母嫌弃。对此，邻居们也替他打抱不平。但他对邻居们说，你们别这样对待我父母，是我没做好儿子，是我的过失，父母没过失。他天天反省、天天改过，三年时间终于把他的父亲、后母一家人全部感化。后来尧帝也被感动，召见舜之后，就把两个女儿嫁给舜，把帝位也让给他。这个故事非常简单，但包含的思想非常博大精深。一个“孝”的平凡而又非凡的举动，将伦理和政治连接起来、手段和目标协调起来、行为和价值统一起来，极大地影响了中华民族的思维观念、价值观念和行为方式。舜的“孝”深深影响了孔子思想，因而成为儒家核心思想之一。佛经《地藏菩萨本愿经》也被称为佛门孝经，与儒家很多地方有异曲同工之妙。佛教中的“孝”字，被看作是“过去无始，未来无终”的一个生命体，

是一不是二。佛法里常说不二法门，宇宙万物是一个整体，是不能分割的，如果有二，就是对立的。对立就看不到事实真相。中华文化尽管是由儒释道三家为主流组成，但“理同出于一源，道并行而不悖”，其根源都是孝亲尊师。儒家的《弟子规》、道家的《太上感应篇》、佛家的《佛说十善业道经》都包含孝亲尊师内容。二十四孝的故事影响着祖祖辈辈的中国人，影响十分广泛，民间不识字的人也知道孝道的大致含义，甚至还影响到官方。中国自古以来就有用举孝廉两个标准选拔人才的规矩。在家孝顺父母的儿女，对国家也会尽忠。俗话说忠从孝子而来，忠臣一定来自孝子。毫不夸张地说，用一个字概括中华文化的魂魄，那就是“孝”。这是世界上任何其他国家所没有的。

“孝”包括“祭祖”和“孝亲”两部分内容，即祭拜逝去的先辈和孝敬活着的父母长辈，目的就是让人饮水思源，不忘自己的根本。

祭祖本质就是传承文化。孝顺父母的同时还要把下一代教育好，家道得以传承，才对得起祖先、对得起父母。这是“孝”的延续，是最大的孝顺。几千年来中华文化圈民族不仅自己履行仁义道德，而且担当传承责任教育后代遵守五伦五常、四维八德等，这种教育方式一直到清朝、民国都没有改变。即使“五四”新文化运动以来，以“孝”为组成内容的传统文化受到冲击，但近年来又在慢慢恢复。正由于此，中华文明血脉没有中断一直绵延至今。

三、礼

“礼者，人之所履，夙兴夜寐，以成人伦之序。”(《素书·原始》)《左传》说:“礼，天之经，地之义也。”荀子说:“人无礼则不生，事无礼则不成，国家无礼则不宁。”而真正要做到知礼、明礼、守礼，不仅体现在外在形象上，更体现在内在素养上。因此孔子格外强调：“不知礼，无以立。”从这些古人的观点中可知“礼”的重要性。那么红枣是如何反映“礼”的呢？《仪礼·聘礼》中记载：“宾至于近郊。……夫人使下大夫劳以二竹篚方，玄被薰礼，有盖，其实枣蒸栗择，兼执之以进。宾受枣，大夫二手授栗。宾之受，如初礼。”对此，郑玄注曰：“兼，犹两者。右手执枣，左手执栗。”唐代贾公彦注疏：“兼，犹两者。谓一人执两事，知右手执枣，左手执栗者。见下文云：‘宾受枣，大夫二手授栗’，则大夫先度右手，乃以左手共授栗，便也。明知右手执枣，可知必用右手执枣先度之者。”郑注《仪礼·士虞礼》云：“枣美，故用右手执枣也。”从这些文献及其注疏来看，在以“右”为尊的周朝，强调用右手执枣献给宾客，显示礼节烦冗的同时，也告诉我们红枣就是“礼”。用红枣规范礼仪不仅规范官员之“礼”，还规范夫妇之“礼”、长幼之“礼”，也就是说用“红枣”之礼规范了社会方方面面、规范了社会各种角色。“红枣”规范“礼”尽管属于外在形式，但起到的作用非常巨大。我们从用“礼”报答的人的身份、地位可以看出“礼”的重要。《大戴礼记》告诉我们，“礼”有三个根本，即“天地者，性之本也”，天地是所有生命生长的根本；“先祖者，类之本也”，先祖是人类的根本、源头；“君师者，治之本也”，国君和老师，是国家能不能安定的根本。也就是说用“礼”礼遇的人是世界一切根本的“天地君亲师”，所以要尊重根本，并由此延伸发展到感恩、报答一切与自己有恩的人，所谓“滴水之恩当涌泉相报”。可见，用红枣之“礼”报答的人都是“世界一切根本”的尊贵、关键之人，不仅衬托、昭示

红枣的尊贵，而且也说明了这种程序、仪式的重要和必要。社会就是在这样一种形式规范下平稳运行，文化就是在这样一种形式规范下保持方向，文明就是在这样一种形式规范下绵延前行。

四、忠

红枣树的坚硬、红枣颜色的赤红等特性，归纳演绎被赋予了“忠心”“义气”等含义，并与社会行为关联，生发出浓厚的道德意义。关公被视为我国“忠”的代表人物，其“义不负心，忠不顾死”的性格品质被民众广为称道。那么如何体现关公的“忠”呢？自古以来，各种戏曲表演中将关公脸谱红枣化，使关公的忠义形象更加突出，反过来使红枣的赤诚内涵更加深入，说明是用红枣来表达“忠”的。下面我们介绍关公脸变“薰枣脸”的故事，从变“红”过程窥探、感受红枣之“红”与关公内心之“红”的一致性以及人为将“红枣”与“忠”连接起来的痕迹。有一次关公行侠仗义，杀了一个恶霸，被县衙追杀。关公就跑进枣林里躲了起来，守林的老人收留了他。自此关公日日看枣、吃枣，连喝的水也带枣味。日子久了，关公的脸就变成了人们现在看到的“薰枣脸”。故事解释关公“薰枣脸”的来历，与行侠、仗义连接，衍生出“忠”的内涵来，最后用关公将“忠”与“红枣”结合。通过这些变化告诉我们，“红枣”就是“义不负心”“忠不顾死”“诚实信义”“正直勇敢”“忠诚坚毅”人格的意思。在《三国演义》中，关羽

刘生锋摄

以“推着一辆车子”的生意人身份出现，尽管没有交代车子上的货物为何物，但据其“面如重枣”的刻画，可推测其为贩枣生意人（罗贯中:《三国演义》，人民文学出版社2019年版，第4页）。加之其服饰颜色是“绿衣、绿帽”，佩戴的武器是青龙偃月刀，由打枣杆演变而来，坐骑是赤兔马，武功来源等都与红枣本身特性和红枣生活有关，可见其身上散发的忠义道德意义都与红枣有关。这种以赤红之枣来比喻代表赤诚之心的方法，在我国许多文学作品也有表现。

五、祀

“国之大事，在祀在戎。”祭祀在我国古代被当作国家的头等大事。刘康公（名季子，东周刘国开国国君）曰:“国家大事，在祀在戎，祀有执，戎有受，神之大节也。”意思是说国家大事就是祭祀和战争二件事。“春祭曰礿，夏祭曰禘，秋祭曰尝，冬祭曰烝”，“禘尝之义大矣，治国之本也”，意思是说“禘”“尝”即夏秋祭祀是治理国家的根本。又“凡礼，皆因于祭”，“凡治人之道，莫重于礼；礼在五经，莫重于祭”（《礼记》），意思是“祭祀礼”是最重要的，说明祭祀在中国社会占有十分重要位置。正由于此，建立一个朝代首先确定祭祀场所，“右社稷而左宗庙”，后来祭祀的庙堂成为国家政权的象征。上面说的是祭祀活动的地位，那么祭祀的对象有哪些呢？第一，自然界力量。人们在生产生活过程中，对自然界许多无法抗拒的力量产生恐惧，由恐惧进而发展到崇拜，误以为这些力量均来自神明，因此产生对神明的膜拜进而产生对神明祭祀的要求。为了祈求神明庇佑，人们举行一些仪式将自己的诉求告知神明，或者事后通过仪式感谢神明。“山林、川谷、丘陵，能出云为风雨，见

怪物，皆曰神。”要祭天、地、时、寒暑、日、月、星、水旱、四方、神等。第二，祖先。与上面说的“孝”有重复内容，这里侧面说祭祀。一方面，祖先筚路蓝缕为自己开创一块可以生活的栖息地，所以必须牢记祖先的恩情；另一方面，祖先教会自己很多生产生活的技能，使自己可以幸福地生活；还有希望祖先的在天之灵能够庇佑自己。因祖先比神明离自己更近，所以中国祭祖更盛，那怕就是到科技昌明的今天，中国还修建专门祭祖的场所、祠堂用来祭祖，并且其美观、耐用程度是可以和基督教的教堂、佛教的寺院相媲美的。“君子将营宫室，宗庙为先，厩库为次，居室为后。”(《礼记》)中华文化恪守“万物本乎天，人本乎祖”规则，遵循“敬天法祖重社稷”古训，对祖先的祭祀看得比祭神明还重要，这也是专家学者把中国看成是世俗国家而非宗教国家的重要原因。中国人历朝历代的国教就是自己的祖宗。第三，还要祭祀法施于民、以死勤事、以劳定国、能御大灾、能除大患等各类各色人物。规定祭祀对象后还规定了祭祀的地点，即七庙、一坛、一墠。地位不同，祭祀的地点不同。祭祀的次数也不能多，多则烦，烦则不敬；也不能少，疏则怠，怠则忘。祭祀要有程序仪式，要致斋三天，散斋七天等。祭祀在朝代正常运行中发挥了很大作用，成为统一思想、规范行为的影响力量，极大地推动了民族的发展。首先，从祭祖宗发展到“孝”。“孝”文化是中国的核心文化，也是中国特有的文化。从对祖宗的祭祀，感念祖宗的恩惠，发展到“孝”祖宗，成为中华民族的核心价值观，乃至于部分朝代提出“以孝治天下”。其次，从祭神明发展到忠君爱国。中国从未形成某一个神明占统治地位的神权社会，相反是百神齐舞。同时，“天”在百神之上，为最高神。为了统治阶级

统治的需要，古代把最高统治者皇帝逐渐神化，让其成为“天”的代表，是“天子”，逐渐形成忠君爱国的文化传统。为了纪念上面规定的对国家和人民有突出贡献的五类人，把其中一些杰出代表封为神仙，如关羽、八仙、钟馗等。总结上面，明确了为什么祭祀、如何祭祀、谁祭祀、祭祀谁等问题，最后还要有用什么东西祭祀？按道理，要把最好的东西贡献给被祭祀者，所以红枣及其制品就成了当然的最好祭品之一。《仪礼·有司》要求，诸侯及其以下官吏，每月第一天祭庙，规定祭品中要有牲畜、红枣和栗子，而且红枣等由谁摆放都有讲究。《圣门礼志》记载，祭祀孔子前面陈列的祭品是“盐、藁、鱼、枣、栗”等十笾。这和上面的“孝”对活着的长辈孝顺、用红枣表达孝顺内容、用红枣代表对中华民族长辈的尊重态度意思是一样的。

香港著名作家金庸在北大演讲时说，中华文明历史悠久且连续不断，是世界唯一没有中断的文明。中华民族遇到外族入侵时，常常能把外族打退，即使打不退，也很难被征服。究其原因，一是中华文明较为先进，有先进的科技、先进的文化、合理的社会结构、合理的组织制度。二是从西周开始，中国已有了一套严密的宗法社会制度，有严密的继承制度，避免了内部的争斗和战争。一个社会的基本法律制度固定了，社会就稳定了。金庸所说的这种超稳定的社会结构，就是以儒家文化为规范而形成的，具体以孝、礼、忠等一系列内容为支撑的社会结构。而支撑儒家文化，象征、寓意的物象产品就是红枣。可见红枣文化在中华五千年文明绵延中所起的重要作用。

第四章　红枣与中华文明

红枣特殊生长环境、特殊生活习性、特殊功能用途随着时间推移，越来越被人们了解。红枣随其功能而普及、随其普通而抽象，而后形成一种文化现象，成为中华民族的生命基因、文化符号、精神密码、文化性格，成为中华民族的民族气质、民族精神、民族基本价值观的重要来源。红枣文化是中华民族文化血脉之一，是中华民族精神命脉之一，是中华文明根脉之一。红枣文化为中华民族培根铸魂，中华文明被深深打上了红枣的鲜红烙印。红枣和中华文明

同源异体，移植嫁接、相互借鉴、吸收融合的痕迹非常明显：红枣文化催生、哺育、支撑了中华文明，中华文化吸收、汇总、集成了红枣文化。综合起来表现在：一是二者精神内核一致；二是二者表现方式吻合，体现在二者吸收能量和输出能量方式相仿；三是二者发展节奏匹配。在符合事物发展规律的同时，又有它们发展的独特性。如文明发展中的分分合合、衰荣更替，红枣生长过程中的枯荣变化等。

红枣原产于黄土高原黄河流域、吕梁山、太行山等区域，但不能把红枣与这些区域的关系简单归结为“物竞天择，适者生存”的依附关系。黄河流域土壤贫瘠、干旱严寒等恶劣的自然条件一次次锤炼砥砺着红枣的耐力、抵抗力，打磨出红枣坚韧特点和百折不挠品性。反过来红枣树又极大影响改善黄河流域的气候特点、地理环境。由于红枣树极耐干旱、耐盐碱、耐瘠薄，不苛选土质、土壤，土壤、气候越恶劣，越是其生存的条件，枣树树干高大，树冠盖度大，枣树水平根向四面八方的伸展能力强，固持表层土壤能力强。枣树的这些特点都有助于植被稀疏的黄土高原、黄河沿岸坡地上防

风固沙、水土保持、涵养水源，因而成为枣区防风治沙的优良树种，极大影响了黄河流域的气候和环境。所以说红枣树和黄土高原黄河流域环境之间关系是：黄河流域孕育了红枣物种，红枣树又极大地影响了黄河流域气候、地理自然环境。红枣树和这里的环境气候互为因素，共同成为对方的条件，在形成双方独特关系的同时又形成了黄土高原黄河流域独特的地理单元。

一方水土成就一方环境，一方环境又养育一方人、孕育一方物种。同一方水土下繁衍、生存、栖息的红枣和人形成了特定的关系。长期以来，中华先民直接食用红枣，在吸收红枣物理基因的同时创造出红枣文化，反过来红枣文化又不断化育着中华民族。中华民族在借鉴吸收红枣生物性特征后就变成自身的道德情操，使红枣的自然物属性人格化、精神化、民族化，中华民族的道德品性、精神状态就有了红枣自然属性。

红枣在中华民族心理已不再是鲜活的具体物象，而成了“集体潜意识”。心理学认为，人的意识有三个层次，其中集体潜意识是最深层次意识。集体潜意识是人类在种族进化中所遗留下来的心灵印象，是物种进化和文明发展所形成的心灵积淀物，是经遗传而继承下来的祖先的经验与行为方式。积淀物不属于个人，而且经遗传等先天天生因素沉淀和强化到族群中，最终又形成了个人人格组成部分。这种说法和著名散文作家余秋雨给文化下的定义一样。他说，文化是一种成为习惯的精神价值和生活方式，它的最终成果是集体人格。他解释说，个人人格是指一个人的生命格调和行为规范，集体人格是指一批人在生命格调和行为规范上的共同默契。这种共同默契不必订立，而是深入潜意识中的一种本能。也就是说，个人人格是文化性格的结果，个人人格集体化就形成集体人格，形成过程状态是默契和潜意识。心理学还认为，集体潜意识充满“原型”，这和前面提到价值观时说价值观首先确定“原型”然后用“原型”标准统一认知并赋予“原型”价值形成价值观是一样的。所以，“原型”是对某一外界刺激做出特定反应的先天倾向。显然红枣就是这样一种生活“原型”，通过其本身功能被赋于相应价值同时统一人们的认知，再经化育中华民族使中华民族每个人形成了有默契感的文化性格，又经遗传成为中华民族个人人格结构，最终成为中华族群不需要订立而有着共同默契的经验行为方式和“沉淀物”。

一、红枣文化引领中华文化方向

从红枣生活习性看，红枣耐寒、耐旱、耐土壤瘠薄，在河砾等土地贫瘠的地方生长；红枣生命力顽强旺盛，红枣树龄比一般果树长，发现有千年以上树龄仍然存活的枣树；红枣繁衍靠嫁接，濒临死亡靠嫁接又获得新生，通过嫁接不仅外表看起来枝繁叶茂，而且能植入新品种的特点和能量；枣树扎根深广，树冠向外辐射广大……。古文献中记载了红枣这些自然生活习性特点。“枣

红枣生存环境

红枣顽强的生命力

性硬……”“其阜劳之地，不任耕稼者，历落种枣，则任矣。”“反斧，斑驳樵子，名曰‘架枣’，不斧则花而不实。”（北魏·贾思勰《齐民要术》）“如本年芽未出，勿遽删除，谚云：‘枣树三年不算死，亦有久而后生者。’”（明·王象晋《群芳谱》）这些红枣生活特点和生长习性使得其吸收能量特别充分，同时用“比德”方式影响中华民族，形成中华民族特有的思维观念、价值观念、行为方式等，因此有鲜红烙印、明显印记特点的红枣文化构成了独特的中华民族精神，形成了独特的中华文明形态。比如，红枣和中华民族汲取能量和输出能量的方式表现惊人一致。所以说，红枣文化不仅是中华文化河流源头的汩汩泉水，是形成奔腾不息中华文化河流的源泉，也是中华文化河流的分水岭，左右着绵延五千年中华文化这条河流的基本流向。下面我们顺着红枣文化从萌芽——发展——成熟一条线来看红枣是如何引领中华文化流向的。

前面说过和中华民族神话同出一源、是中华神话有机组成部分的红枣神话和远古传说故事，是红枣文化萌芽时期的主要形式，同时先民的各种节日、仪式等民俗也因红枣文化渗透而形成，还有一些地名（如山西有枣园文化遗址）直接用枣命名等，它们共同构成了早期的红枣文化。红枣文化最初是从红枣的色彩形成的文化开始的。根据前面阐述，自然环境和粮食食物是最早进入中华先民生产、生活中的对象，也就是说太阳、山川河流等自然界事物、枣属植物等粮食食物是最早进入中华民族视野的对象，这些事物的颜色，包括后来人类发明使用的火的颜色都是红色，所以红色就成为中华民族最早的色彩认知。心理学认为，红色色彩是最冲击人类视觉的颜色，如果和绿色搭配，更能衬托出红色色彩的特点来，所谓“红花还需绿叶配”就是说的这个意思。枣属植物果实红和叶子绿组成了色彩搭配的最佳结构。加之中华先民生长在黄土高原，穷尽眼帘都是黄色，红彤彤的枣属植物更能凸显出颜色特点来；即便在萧瑟寒冷的冬天，别的植物大都凋零，而红枣仍旧挂在虬干的树枝上，一片飘红，使红色色彩更加突出。枣属植物色彩就是这样冲击着最早中华先民的视觉系统并被中华先民吸收借用、抽象升华成富有丰富内涵的色彩文化的。因太阳是宇宙间万物生命的源泉，其颜色是红色。早期人类对自身生命直接认识是婴儿从母胎分娩流下的大量血，人类有外伤也会流血，而且也是红色，因此形成了“太阳”和“血”等红色色彩是自然界生命源泉的最初直接认知，于是中华先民便给予了“红”这一色彩生命、吉祥等意义。因此也有了红枣颜色来源于西王母“血”的神话。西王母在神话中是主管上天灾厉和五刑残杀之气以及掌管长生不死之药的神仙，也是一种变相的生命之神，更加深化了对“红”这一色彩生命、生机、吉祥、平安的认识。红枣的“红”经这一番诠释推理演绎和连接神话后和血的生理功能一样了，红枣红色也因此变化成为中华民族的“族”色，成为中华民

族崇尚、追求的色彩。中华民族“红”枣文化从此发源，加上红枣起源神话、红枣功能神话等共同组成红枣远古神话，成了红枣源头文化内容。其后红枣文化不断演变和发展，又汇聚多种文化成果，最终成为蕴含丰富、博大精深、辉煌灿烂的中华文化重要组成部分。

有史可证中华民族崇尚红色的历史可追溯到距今1.8万年前的山顶洞人时代。考古发现，在北京周口店山顶洞人的墓穴里，死者遗骨的周围有用红色铁矿粉撒成的圆圈。其后，仰韶时期文化遗址、山西襄汾陶寺遗址、吕梁石楼姜子牙丈人（岳父）墓穴中和以后不同时期的各类文化遗存中都有以红色色彩为装饰色彩的陶器、饰品等物品。商周以后，红色材料逐渐用朱砂代替。尽管“红色”材料来源不同，但红色内涵、寓意则与红枣红色相同。从此红色演变成避邪趋吉、高贵神圣的色彩。随后红色色彩变成赤胆忠心、追求不止内涵，随着时间扩展又变成英勇斗争、不怕牺牲等内容。比如，中国历代战略家、军事家借用红枣红色内涵特质，用红色军旗凝聚军心、鼓舞斗志、激发勇气，以召唤军队勇往直前、顽强杀敌。红色成为中国古代旗帜的主要颜色。军人每每看到猎猎红旗，无不热血沸腾，英勇杀敌。红枣色彩文化还有忠诚可靠、赤胆忠心、义薄云天等内容，最为典型的莫过于关羽的脸谱了。为表现三国时蜀将关羽赤胆忠心、义薄云天、忠诚可靠、英勇无畏等品质，其形象在历代戏曲、诗歌、小说等文学作品中都按传说故事“薰枣脸”色彩保留，直到今天一直沿袭下来。从色彩上显示红枣文化现象的还有南宋诗人刘克庄，他在《芙蓉二绝》中写道：“池上秋开一两丛，未妨冷淡伴诗翁。而今纵有看花意，不爱深红爱浅红。”诗人以红色表明他淡泊名利、众人皆醉我独醒、举世皆浊我独清的情怀，显示了

作者宁静致远、追求真理的价值取向。

红色内容随着时间推移、社会变化又流变出不少新内涵。红色代表忠勇、正直、革命、希望，是高尚人格的象征。这些内容发展到近代演变成毫不妥协、坚决斗争、顽强革命等内容，斗争性、革命性特征凸显出来。与红枣色彩文化并驾齐驱的还有各种贴红对联、红剪纸等风俗习惯和各种用红枣命名的地名文化等。

红枣文化影响方式既像和风细雨一般，滋养、浸润中华人类心田，沁入心脾，形成无所不至、无所不包的传统的价值观念；也像疾风暴雨一样，强势植入、嫁接到民族骨髓中，形成根深蒂固、痕迹清晰的气质和民族精神。比如，红枣生存在恶劣环境里，当年挂果、挂果多的生物性特点植入婚俗中，演变成自强不息、吃苦耐劳、勤劳勇敢、坚韧不拔内涵，成为民族精神最原始的构成成分；红枣靠嫁接繁衍、汲取新能量的特征体现了海纳百川、开放包容特点，极大地影响中华民族思维方式并形成开放包容、改革创新、不懈追求的思想观念。“周虽旧邦，其命惟新”（《诗经·大雅》）思想一直延续至今；红枣木质坚硬、矗立不弯、不苛选土壤、功能多样等质

地和生物特点品性，演变成不折不挠、刚正不阿的人格精神，和老子“水利万物而不争”、孟子“富贵不能淫、贫贱不能移、威武不能屈”等内涵一致，也成为千百年来中国社会士大夫阶层追求完美独立人格的思想养料；红枣形象和内容形成的生殖文化影响中国社会成为世俗化社会并因此导致远古时多源、多元文化合流融合，并最终促使中原文明后来居上，快速崛起，一统天下，成为中华文明源头，也成为“礼”“孝”“祀”“爱国”“天人合一”等一系列支撑五千年中华文明绵延前行思想的滥觞。这些既成为串联五千年文明连接线的具体内容，也成为五千年文明绵延而不中断的重要理由。

随着中国历史发展到夏商周先秦时期，随着中华先民对红枣功能价值的了解增多和加深，红枣功能价值化、抽象化，红枣文化也由初期的单一色彩文化拓展成将各种功能抽象出来的各种文化并体现在有文字后的各种各样的古文献中。最早的文字红枣文化多为红枣生产场景描写，这些奠定了文字红枣文化基础。这一时期红枣文化外延、内涵不断扩展演变，并渗透在政治、经济、军事、社会、生活各项领域中。与此同时，红枣文化化人作用明显增强，内化到中华民族骨髓、文化基因中，形成了特有的文化心理结构、民族价值观，进而构成民族精神。需要说明的是，中华民族文化、思想、精神的形成和成熟是一个过程，在这过程中红枣文化不断和其他文化汇聚融合，而后逐渐形成蔚为大观的中华文化。比如对中华民族影响甚大的一些思想巨人、文献著作都应是在吸收远古包括红枣神话为内容的中华神话和古人思想、又汇聚其他文化成果基础上发展而来的。《易经》在中华民族思想史上占有十分重要的地位，是中华文化源头。从前述文化形成规律可知，《易经》是“观”自然“物”

的结果，最早进入中华先民视野的生产生活对象红枣就是“观”的对象之一，就是“物”的来源之一，因此应是影响易经的因素之一。易经主张我们要向自然学习，要尊天道，“天行健，君子以自强不息”；要从地道，“地势坤，君子以厚德载物”；要顺人道，构筑人与人和谐相处的天下大同世界，集中一点为自强不息、厚德载物思想，与红枣生物特点、文化思想精髓有很多一致因素。儒家思想的开创者孔子很早就与红枣结缘，他于2500年前首开游宁阳枣林、赋诗颂宁阳枣林先河。老子、孔子都生活在红枣原产地区域，他们生产、生活中应该有红枣，红枣特点、习性相应也会影响着他们，红枣文化应该是潜移默化地影响了他们创造学说的整个过程，应该在他们的思想形成过程中起了十分重要的作用。总之，他们都是红枣文化的受化者。道家的持重守节、随遇而安、道法自然思想为中国人所推崇。孔子在易经的天地之道的基础上又提出了人道哲学，倡导以天下为己任的积极进取、明知不可为而为之的济世哲学深入中国人的骨髓。后佛教传入中国，经过儒、道思想的改造完全中国化以后，也成为中华思想中不可或缺的重要组成部分。

与红枣有关、创造红枣文化的早期重要人物还有鬼谷子。据《东周列国志》记载：“晋平公时人鬼谷子，其人通天彻地，博学多才，人不能及。”春秋战国时苏秦、张仪、孙膑、庞涓、范蠡、商鞅等都是他的门生，是战国时代群雄争霸的幕后操盘手，有“东方智慧传奇第一人”的说法。鬼谷子博学多才不仅使他成为兵学家、游说家，而且还成为造诣深厚的植物学家。据当地传说，有一次，鬼谷子要去吕梁交口云梦山修行悟道，一路走来，饥渴难耐，疲乏无力，突然看到漫山遍野的红枣林。果实红、叶子绿，顺手摘了几颗吃，顿觉神清气爽，饥渴之意、劳累之感全无。疑惑的同时细心研究，得出结论红枣干鲜皆可食用，耐储藏，易运输，可作为实用物资。鬼谷子对红枣的研究影响了他的门徒孙膑，孙膑在和庞涓的对垒中，充分利用红枣的功能特点用计打败魏军。这是对红枣功能研究、将红枣功能价值运用到军事战争中的最早记录。因中国整体文化氛围是“和”“仁”“礼”“忠”“义”“无为”等思想，也影响中国军事文化形成了“非战”“止战”等精髓一致、气质一致的特点。世界民族多尚武，中国人的尚武别具一格，有异于其他民族的尚武精神。中华民族的“尚武”不是一味炫耀武力，更不是穷兵黩武。在中国汉字里“武”字本身是由“止”“戈”二字组成，其意为制止武力，最终实现和平，这是中国的尚武精神的本质。中华民族的尚武精神表现在处强势而不凌弱，处弱势而不屈服，在民族罹难之时更能奋起抗争，等等。这和红枣文化、中华文化的精神特点是一样的。

总之，可以毫不夸张地说，中华文化耀眼璀璨，或多或少都有红枣文化的元素和影子，是在其特点影响下逐渐形成的。

中国历史进入秦、西汉之后，民族分分合合，而文化交流融合步伐明显加快，红枣文化在交流中融合、融合中发展，显现出繁荣景象，中华文化随之也蔚为大观。这一时期，各代文人学士不断为红枣文化培土施肥，使红枣文化枝繁叶茂。秦朝有秦始皇用红枣入药寻求长生不老的故事。晋初文学家傅玄《枣赋》云：“有蓬莱之嘉树，植神州之膏壤……既乃繁枝四合，丰茂蓊郁，斐斐素华，离离朱实，脆若离雪，甘如含蜜。脆者宜新，当夏之珍，坚者宜干，荐羞天人……全生益气，服之如神。”从红枣的外形、口感及功用方面赞美红枣。宋代史尧弼在《枣》的文章中也有类似诗句：“后皇有嘉树，剡棘森自防。”唐代著名诗人杜甫在回忆他童年的情景时写道：“庭前八月梨枣熟，一日上树能千回。”（《百忧集行》）一位贪吃大红枣顽皮少年的形象跃然纸上。而在另一首《又呈吴郎》中，则借枣写了一个悲凉的故事：“堂前扑枣任西邻，无食无儿一妇人。不为困穷宁有此，只缘恐惧转须亲。”诗中说西邻一个无食无儿的妇人，来我的院子里打枣，如果不是因为穷困哪会这么做呢，所以我只能任由她去打，不但不能责怪，还要表现出亲和的态度。全诗借枣表现了诗人的悲悯之心，对底层老百姓的贫穷困苦也描写得淋漓尽致，从而起到劝勉当政者的意图。唐代另一诗人刘长卿在《泊无棣沟》诗中写道：“行过大山看小山，房上地下红一片”，形象描写了红枣丰收时节，人们打枣、收枣、晒枣的景象。宋代诗人苏轼任徐州太守时，欣然作词《浣溪沙》：“簌簌衣巾落枣花，村南村北响缫车，牛衣古柳卖黄瓜。”诗人抓住富有季节性特征的一些事物，有声有色地渲染出浓厚的农村生活气息，表达了他对雨后农村新景象的喜悦之情。在他的另一首诗《枣》中写道：“居人几番老，枣树未成槎。汝长才堪轴，吾归已及瓜。”通过对枣的生长过程描述，感叹人生易老。清代诗人崔旭写道：“河上秋林八月天，红珠颗颗压枝圆。长腰健妇提筐去，打枣竿长二十拳。”（《高津竹枝词九首·其七》）清代另一诗人王庆元也写道：“春分已过又秋分，打枣声喧隔陇闻。三两人家十万树，田头屋脊晒红云。”（《盐山竹枝词七首·其六》）形象描写了红枣丰收时节的景象，使人如闻其声，如见其景。宋代诗人郭祥正《咏枣》“何当广栽植，欲以慰饥年”和陆游《夜生》“文书用遮眼，枣栗可充饥”诗句，则充分肯定了红枣的食用功能。

红枣文化的繁荣表现为内涵外延的不断扩大。历史上用红枣进

行讽喻或借诗言志的作品有很多。后秦赵整《讽谏诗》云："北园有枣树，布叶垂重荫。外虽多棘刺，内实有赤心。"赞扬了红枣虽然外表"多棘刺"，但内"有赤心"的高贵品质，犹言"良药苦口利于病，忠言逆耳利于行"而别具一格。宋代丁谓《枣》云："外炳丹朱彩，中含石蜜滋。"则说红枣表里俱佳的崇高品德。宋代王安石《赋枣》云："在实为美果，论材又良木。"极言红枣的实用美德。宋代王溥《咏牡丹》云："枣花至小能成实，桑叶虽柔可作丝。堪笑牡丹如斗大，不成一事又空枝。"通过和牡丹的对比，衬托枣的实在实用、牡丹的华而不实。在诗词歌赋等红枣文学作品繁荣发展的同时，各种红枣礼仪文化和枣属植物研究文化、各种红枣药性等功能研究文化也在同步发展，它们共同形成花团锦簇红枣文化百花园的繁荣景象，构成一幅红枣文化美丽而壮观的长幅画卷。

综合以上，红枣文化始于神话，文字形成后发展成各种文化作品，其间还有各种民俗礼仪、礼节、风俗、地名等表现形式，共同成为中华文化的根脉文化。尽管发展几千余年，内涵、外延也发生变化，但线索清晰、脉络完整，精髓不变，就像不中断的河流上下游的水质、流向不变一样。正由于此，我们从现在的中华民族精神状态中也能找到远古红枣神话的影子。肇始于中华神话包括红枣神话的中华文化一条发展线路，影响中华文明绵延不绝，形成文明的独特性。中华文明有很强的包容性，能容纳不同文明的意见和主张，善于吸收借鉴各种文明成果；中华文明有很强的反躬自省精神，勇于承认自己的不足和缺点，能够做到向同时代强者学习；中华民族很注意自己文明的传承，珍爱延续，但绝不保守，在经过比较鉴别之后，善于引进先进文明和事物；中华民族对自己的独特文明体系认同感很强，在遭遇危难时有很强凝聚力，对朋友和敌人有很强辨别力，对待朋友采用包容共鉴、交流学习、取长补短、共同进步的态度，对待敌人则采取舍生取义、奋起抗争、宁死不屈、血战到底的态度。

中华民族在发展过程中，既经历过少数民族入主中原、民族遭受压迫的历史时期；也经历过国家动荡、民不聊生、“城头变换大王旗”的军阀混战历史时期；还经历过被敌国侵略、山河破碎，生灵涂炭，文化、文明濒临湮灭，沦为半殖民地半封建社会的历史时期。令人奇怪的是这些坎坷、磨难都没有使中华文明中断、消亡，相反成了中华文明进一步发展的动力和依托，再次崛起的跳板和台阶。究其原因是即使被侵犯，也绝不委曲求全，任人摆布；失败了也绝不善罢甘休，听天由命；即使亡国也不忘复国雪耻、杀敌报仇的民族精神和气质支撑的结果。这和红枣文化显示出来的精神是一致的，是红枣宁死不屈、开放包容、善于汲纳各种能量、任凭环境肆虐、独自寻求生存之道的自然生物学特点规律的人文表现。

中国历史经历过东汉后南北朝、唐后五代十国的十分混乱时期。这些时期内战频仍，军阀混战，民生凋敝，民族矛盾十分激烈，但文化却像一股清流，汩汩滔滔不断涌来，推动了各民族文化交流学习，促进了各民族汇聚融合。北魏孝文帝就是这样复杂历史背景下的一个关键人物。关键之处在于他顺应大势，主动嫁接中华文明，从而使中华文明在汲取了鲜卑文明成果基础上继续前行达到新高度，攀登上新高峰。当然更为关键的是孝文帝遇到的是持开明态度、能包容接纳异域文明的中华文明。

余秋雨在总结这段历史时说，中华文明秦汉时期，经过内斗和庞大工程，元气散尽，加之骄奢无度又四分五裂，更是使中华文明气息奄奄，中华民族气数尽失，气度、格局、状态整体呈下降趋势，急需一股强大的力量，一股未开化的蛮力。北魏鲜卑族来了，嫁接了中华文明。“输入中华文明的那股豪气，有点剽悍、有点清冷、有点砥砺、有点浑浊，却是那么开阔、那么自由、那么放松。‘天苍苍，野茫茫’成了新的文化背景。中华文化也就像骑上了草原骏马鞭鸣蹄飞，焕发出前所未有的生命力。鲁迅说‘唐人大有胡气’即是指此。”（余秋雨:《中国文脉》，长江出版社2012年版，第243页）我引用这段历史主要是想告诉人们孝文帝固然重要，但关注点不应只停留在孝文帝个人身上，而也应关注探讨中华文明为什么能让“胡气”融入渗入、为什么能让“胡气”成为中华民族文化的一部分并参与整个中华文明发展进程上。仔细分析，原因固然有客观现实残酷、逼迫变化、被动接纳的一面，但更为重要的则是中华文明先天的开放包容、雍容大度、兼收并蓄、博采众长、为我所用的气质和格局。由于有了这些因素，二者的互相接受融合才有了前提，融合的质量就会高质。正像人与人交往一样，思想开明、胸襟大度是交往的基础。试想，一个人如果性格乖张、极端，气量局促、狭小，气质猥琐、古怪，他能接受他人善意的批评、积极的建议吗？个体人格集体显现便成了一个民族的精神和气质，民族整体精神状态则显示出民族个人的气度和格局。所以这种气度和格局不仅成就了孝文帝个人，也使后来唐朝整个朝代拥有了这种气度和格局。积极进取、勇于开拓、自强不息、胸怀天下、不屈不挠成为唐朝基本精神状态。我们从唐朝时吸纳外来文明所体现出的开明、开放、接受态度中能看到红枣文化所具有的雍容大度和海纳百川气质的影子。

元朝成吉思汗时，“处之左右以备咨询”（《中书会耶律公神道碑》）的两人是耶律楚材和道友全真派掌门人丘处机（长春真人）。耶律楚材是契丹族，但文化上兼修儒、佛，丘处机是道教宗师，二人会合加上元朝统治者组合成了一个全新的中华文化结构。正是这个拥有中华文脉的文化结构极大地影响了成吉思汗，影响了元朝历史的走向，极大地推动了元朝社会的发展。成吉思汗死后，后人遵照其“军国庶政，当悉委之”（《元史》）的遗嘱重用耶律楚材。耶律楚材就是用汉中原文化改造元游牧文化。耶律楚材提出“制器者必用良工，守成者必用儒臣”的政策，尊孔扬儒，用儒家经典招士办学，用汉族典章、制度、社会管理模式等组织政权治理国家，使元朝快速由游牧文明向农耕文明转化，也使得元朝经济、社会、文化继续向前推进达到了新的高度。在这里耶律楚材民族身份并不重要，核心在于他的中华文化身份。他用中原文化改造蒙古游牧文化，改造后的文化既与中华文化一脉相承，又吸纳异族文化成果使中华文化汲取到新的动力，沿着固有的方向继续前行。所以余秋雨说，在这里“淡化的是民族身份，清晰的是文化传承，泯灭的是落后文化，继续前行的是用先进文化武装的脚步”（余秋雨:《中国文脉》，长江文艺出版社2012年版，第330页）。我们假设，即使耶律楚材拥有集于一身的行政、军事权力，但如果没有儒佛等中华文化身份，作为一个异族人，能打造一个具有明确延续性、中华文化痕迹清晰的朝代吗？历史不能假设，但是有规律的，根据规律判断，他肯定是打造不出来的。改造成功不仅昭示了耶律楚材的雄才大略，也折射了中华文化的渗透力、包容力。这里我选取的北魏、元朝两段史实都是中华民族处在低潮后汲取能量发展到新阶段达到新高潮的历

史。历史惊人相似，文化在历史发展处在低潮的特殊时期都发挥了特殊作用，在推动民族融合、推动少数民族前进的同时，也使中华文明汲取到一股强大的新的前行能量继续前行。历史又惊人地重合：少数民族文明被整合到中华文明里，形成“1+1＞2”效果，和着中华文明既有的前进节拍、迈着矫健的步伐继续前行，重新崛起。胸襟开阔、气质高雅、格局趋大的中华文化汲取精华获得了新生，在更宽广、更高层次的平台上继续前行。“是以泰山不让土壤，故能成其大；河海不择细流，故能成其深；王者不却众庶，故能明其德。是以地无四方，民无异国，四时充美，鬼神降福，此五帝三王之所以无敌也。”（秦·李斯《谏逐客书》）这是李斯用具体事例说明包容、开放接纳的重要性，文明发展也符合这种规律，包容接纳方才有容乃大。这不禁令人思考，世界上大多数民族对待异域文明侵略时刚开始态度大都一样，都持抵触敌对态度，特别是当遇到亡国灭种、文明湮灭的关键时候。但为什么最后很多文明都烟消云散、中断了进程而只有中华文明一枝独秀、继续前行呢？分析原因在于独特文化气度所表现出来对待异域文明态度上。刚开始很多民族激进，一时抗争，进行殊死搏斗，最终在强大军事力量、先进文明面前败下阵来，文化也被同化，时日一久，销声匿迹、痕迹全无。而中华文明则首先是用自信开放心态去接纳不同文明，能包容不同民族，使入侵者心悦诚服、自觉自愿自主地接受改造。同时，又不断蛰伏蓄力，待时机成熟，和异域文明共同起舞、一起前行，不仅使入侵者驶入了先进轨道，也使中华文明又有了继续前行新的强大动力，从而使既有文明气质不变，内涵不变，绵延下来。可见，是否有开放包容心态、是否能接纳异域文明成为一种文明是否能绵延不断的重

要原因。梁漱溟观点与此一致。“中国文化盖具有极强度之个性。从中国已往历史征之，其文化上同化他人之力最为伟大。对于外来文化，亦能包容吸收，而初不为其动摇变更。由其伟大的同化力，故能吸收若干邻邦外族，而融成后来之广大中华民族。此谓中国文化非唯时间绵延最久，抑空间上之拓大亦不可及（由中国文化形成之一大单位社会，占世界人口之极大数字）。”（梁漱溟:《中国文化要义》）

纵观世界各种文明形态，尽管形形色色、多种多样、特色鲜明，但如果按孕育时间、文明特点、发展情况等分类，大致可划为以下三类。第一类是文明孕育于民族诞生早期，是溯根有源、传承有序、线索清晰、脉络完整、一直发展到现在的文明形态，该文明特点是历史悠久、经历丰富、底蕴深厚。我们把这类文明形态称之为“有根有色文明”。第二类文明形态是没有经过民族发展早期孕育，而是受周边别的民族影响而形成，但后来发展顺利、繁荣，我们把这类不是原生态的文明称之为“无根有色”文明。第三类文明形态是虽然早期由民族孕育，但或者中断、前后没有连续性，以致影响到后来的发展方向和后劲，或者因文明自身特点发展后劲严重不足，发展十分缓慢，直至现在仍然十分落后，我们把这类文明形态称之为“有根无色”文明。以上三种文明形态，除“有根

枣树嫁接

有色”文明外其余两种，要么没有经历过早期筚路蓝缕历程，经历缺失，发展阅历不丰富；要么发展缓慢、甚至停滞，发育滞后，社会发展阶段大打折扣，不完整，缺少必要的技能储备、知识积累、心路历练，总之，都缺少必要的发展链条和环节，因而影响民族的整体心态气质，影响文化特色特点，影响文明的发展后劲从而也使民族整体至现在仍在弥补早期的缺失过程中，导致心态仍处在早期野蛮的特征中发展失衡或畸型。还有，没有太大发展，发展缺环节和必要链条、不封闭，使民族缺少应有沉淀积淀，导致心里缺少必要体验历练，从而未能促进文明一步一步螺旋式上升，形成民族和文明缺陷，形成发展障碍。显然这些民族不是十分成熟，文明形态也就不是成熟文明。这和发展心理学的观点一致。发展心理学认为，儿童早期发展对毕生发展有关键意义，这就是关键期。如果这个时期缺少必要的生活积累、情感体验就会影响整体一生发展，就会出现缺陷，成为发展障碍并体现在人一生发展过程中。这尽管是说个人人格发展的，但放在一个民族身上也是一样的。从以上文明形态分类看，“有根有色”文明孕育于人类早期，经过长时间积淀沉淀而成，是原创性的原生态文明，是成熟的文明形态。而成熟的标志，就是有非常高的“理性”“德性”“悟性”，具有强大的开放性和包容性，具有超强的凝聚力和向心力。“理性”是指与感性、封闭、狭隘、暴躁、浮躁相对的理智、开放、包容、稳重、沉稳；“德性”是指民族有共同的价值观，能遵守共同生活及其行为准则和规范，不偏激、公平、公正；“悟性”是指一定素质基础上和迟钝、愚木对应的智力、悟性。这三种素质汇总起来就是个人的文化底蕴，体现在一个族群身上就成为一个民族的文化底蕴。根据上述解释，自然会把中华文

明对号入坐归入“有根有色”的文明类型，也就是属于一种成熟文明形态。中华文化经过三皇五帝时期的孕育生根、夏商时期的发芽生苗、西周时期的开花吐蕊、东周的授粉、秦汉的成果，再经过两千年反复发酵成酿、筛选、提高，逐渐成熟，理性、德性、悟性大幅度提升。这种成熟带来的显性结果就是中国很早就处理好了其他国家至今仍没有解决的民族对立、宗教冲突、国家帮派林立、四分五裂等涉及国家、民族发展的大问题。至于因爱国、低调、开放、包容等深层文化气质而形成的个体之间和谐和睦，国家稳定统一方面结果差异则更为明显。西欧文明属“无根有色”文明，没“根”，其人类仍在弥补先天缺失，心态仍停留在原始阶段。人与人，民族与民族、国家与国家之间搞非我族类，仍像原始人一样易怒、记仇、排斥、不断打斗，一话不合便大打出手，甚至还为灭亡其他族群不择手段，捏造事实，实行军事打击，是典型的狭隘、暴戾、排斥心态。这种心态形成不断进行殖民扩张的直接后果，对其他部族国家进行无情屠杀、灭族。显然，这种文化没有包容性，所以融合不了其他部族，其人口只能自行繁衍，也不能同化其他族呈几何级数增长。这也许就是“有根”“无根”的最根本区别。看来有“根”无“根”是文明是否成熟的重要标志和判断标准，而是否开放包容则是有“根”无“根”最明显的体现特征和“有色”和“无色”最重要的内部原因。中东、北非尽管文明孕育很早，但文明特点影响后来发展，甚至中断没有发展。没有发展，意味着落后，落后就要挨打。结果这些地区至现在仍处在经济停滞、战火纷飞、民族对立、宗教冲突之中。对于中华文明来说，这种“根”就是由发源于红枣原产区域的以红枣文化为组成内容的中华民族原创性优秀传统根脉文化。

黄土高原黄河流域古枣林

这种“根”文化本身具备开放包容特征，所以永远能汲取到新的能量，亦能永葆青春。辜鸿铭说：“中国人作为一个民族虽然古老，但直到今天仍然是一个孩童似的民族”，“这与其说中国人发育不良，不如说中国人永不衰老”，所以他得出结论“中国精神是永葆青春的精神，是民族不朽的精神”。(辜鸿铭:《中国人的精神》)我想他所谓的“永不衰老”就是指像红枣濒临死亡嫁接一样，能永远汲取到新的能量。中华文明刚毅坚韧、脚踏实地，看似气息奄奄，实则内功深厚；看似大厦将倾，突然又汲取了力量。中华文明在发展过程中你中有我，我中有你，不为外界干扰，不被环境左右，顺我者随我发展，逆我者被我同化，主流不变，前行趋势方向不变。总之红枣文化在滋养民族气质过程中扮演了十分重要角色，起着十分重要的作用，影响了中华文明不同于其他文明的方向选择，完成了中华民族和其他民族的最终分野，从而也成了判断是不是中华民族的身份标签。

红枣文化引领中华文化航向不仅体现在汲取能量上、而且也体现在输出能量的方式上，二者都有着永不言败、不屈不挠、坚定执着、固守信仰、坚守气节、不达目的绝不罢休的共同特点。武汉大学国学院院长郭齐勇总结中国文化有“仁义至上，人格独立”的精

冬季枣树林

神特质。他说，“中华民族以仁义为最高价值，崇尚君子人格，肯定‘三军可夺帅也，匹夫不可夺志’‘富贵不能淫，贫贱不能移，威武不能屈’的大丈夫精神，弘扬至大至刚的正气、舍我其谁的抱负，强调人人都有内在价值与不随波逐流的独立意志，以‘知其不可而为之’的气概，守正不阿、气节凌然，甚至杀身成仁，舍生取义”。这些内容让人自然联想到延续几千年中华仁人志士坚守信念、固守气节的信仰问题。信仰是强烈的信念，来源于人的认识，根植于长期形成的思想，受民族精神浸染，具有坚定性、继承性等特征。中华民族自古就有对信仰坚定执着、誓死捍卫的传统。比如，孟子的“富贵不能淫，贫贱不能移，威武不能屈”的独立人格；文天祥“人生自古谁无死，留取丹心照汗青”的浩然正气；顾炎武“天下兴亡，匹夫有责”

的责任担当；鸦片战争以来一批批仁人志士的不懈追求，直到抗日战争、解放战争时共产党人不惜生命慷慨赴死的凛然骨气。这些人物虽然纵跨历史不同时期，信仰内容不同，但他们为捍卫自己信仰的方式方法和手段是一样的。中华文明在汲取和输出能量上显示出开放包容和固守信仰两种气质特点，表象上看似不太一样，表现有些差异，但本质上是一致的。前者是手段，后者是目的，是不同阶段的选择，二种气质都成为促进民族前进和事物保持生命力的力量。红枣嫁接、矗立不弯，在恶劣环境下生存的生活习性生理特点移植到中华民族身上使看似矛盾的两种气质在社会人文上达到高度的完美统一。

红枣文化发展到近现代又流变出不少新内容，红枣文化外延也扩充不少。无论内涵的流变或者外延的扩大都是与中国历史发展相配合共鸣共振，显示出既与中国文化发展精髓一致，又与中国历史发展同步的特点。比如红枣文化发展到近代有坚决革命、敢于牺牲等内容，这与当时中国革命的需求是相吻合的。所以说红枣文化卓尔不群、一枝独秀，引领着中华文化前行的方向。

红枣是产于中国的特有物种，它和中华民族先民共同繁衍、栖息在黄土高原黄河流域一带，二者互相影响、借鉴，形成相似、相同的习性气质，影响了汲取、输出能量的方式，是符合事物发展逻辑和规律的，是“推天道以明人事”“究人事以得天道”的具体范例。“比德”学说高度概括了这种影响，红枣自然生活习性可能就是“比德”学说的创立来源和生动范例，反过来红枣文化和中华文明二者关系又总结诠释了“比德”学说。当然从影响的结果上看不仅仅是“比德”学说上的“比附”，而是在比附基础上的“同一”。最终结果就是使人、民族有了红枣的特点，使文明打上红枣烙印，从而成为中外文化、文明差异的主要辨别因素。人影响红枣主要体现在物理层面，而红枣影响人主要体现在精神层面。红枣文化是左右、决定中华文明路径的重要力量，引领着中华文明前进的方向。

二、红枣文化奠基中华民族精神

从红枣外在表象看，红枣树树皮粗糙、干裂，树枝虬干、直立。严冬季节当群花凋零、万木枯萎时，枣树仍矗立不弯，傲然挺立在黄河高原的荒山之巅，显示出那种与生俱来的倔强和积极向上的风骨。从这些我们既看到了环境恶劣对枣树的侵蚀，显示出枣树面对残酷环境的顽强和不屈；又看到了久远时间锻造了枣树，显示出枣树长期在环境砥砺下的坚韧和执着。这些表象背后反映的是枣树饱经沧桑、特立独行、宁折不弯、吃苦耐劳特性，显示出枣树意志坚定、刚正不阿、勇敢顽强、自强不息精神……红枣树没有因树龄超长而中断，没有因遭遇变故而停止，没有因环境恶劣而死亡，相反这些困难变成了它生存的资本和动力。有人为此总结出红枣精神“不怕艰苦、不求索取、不屈不挠、钢筋铁骨”，而这正是中华民族的精神写照：虽饱经风霜仍屹立不倒，虽历经坎坷仍砥砺前行，虽历经磨难仍负重赶超，虽前路茫茫仍执着向前。中华五千年文明历史告诉了我们中华民族就是凭借着这些由红枣文化转化而成的民族精神资本，才在世界民族文明史上独树一帜、独领风骚、巍然屹立。

民族精神根源于民族思想之中，思想则来源于民族对客观事物规律的探索和把握，来源于文化的滋养和把持。红枣文化是中华先民最早形成的文化之一，红枣文化是“中华民族的文化基因”“文

化血脉”“精神命脉”，是民族精神最为原始的构成成分。随着红枣文化的繁荣、红枣文化化育力度的不断加大，受其滋养的民族精神就更加成熟、更加稳固，又经历不同历史时期煅造后愈加能释放出能量。

历史反复在证明，什么时期中华民族对以红枣文化为组成内容的中华传统优秀文化传承全面、张扬充分，什么时候中华民族精神就能稳定发挥、表现抢眼，精神状态随之也朝气蓬勃、昂扬向上。反之，一盘散沙、萎靡颓唐、任人蹂躏。在中国近、现代历史上，八国联军侵华和抗美援朝两次事件都是中华民族和外国军事集团联合势力作战的事件。相比较而言，抗美援朝因是跨境作战情况更为复杂、条件更为难苦、困难更大，但这两次事件的结果迥然不同。八国联军侵华时中华民族处在半殖民地半封建时期。世界列强对中国重重压迫，形成封建落后、国家衰弱、民生凋敝的社会现状，对民族优秀传统文化和中华民族个人心灵造成了重大伤害，形成了民众一贫如洗、一盘散沙、一蹶不振、一脸茫然的现实状况。鲁迅笔下贫穷、麻木、奴性、冷漠、呆滞的看客主人公群体形象就是当时民族群体精神状态的真实写照。正由于这些原因，八国联军用了不到1.8万人的联合部队、用了不到十天时间就打败了号称有20万人的清兵和义和团力量，攻陷清王朝都城北京。但就是这样一群相同的中国人在抗美援朝时就显示出完全不一样的精神状态：面对着以美国为首的所谓16国联合军，“中国人民志愿军与敌人同归于尽呈普遍现象”。（秦基伟:《秦基伟回忆录》，解放军出版社）。“他们（中国人民志愿军）凭借肉体之躯击败了钢铁，用手榴弹战胜了炮弹，把不可一世的军队打得丢盔弃甲。那些在冰天雪地里以衣衫褴

褛的单衣‘像原木在移动’的人，以‘谜一样的东方精神’让中国在国门外找回失落百年的自信，把一百年来中国的屈辱和列强的傲慢打得粉碎。这是整个民族精神的凝聚和迸发，是收复精神失地的一战。”（戴旭语）这二次事件，前后仅隔半个世纪，反差巨大、令人瞠目！人们不禁要问，为什么相同的一群人，时间上仅相隔半个世纪，竟能出现如此巨大反差？我们发现，巨大反差主要体现在精神状 态的反差上，在于抗美援朝时，中华民族有了同仇敌忾、视死如归、敢于胜利、斗志昂扬的精神状态。那么，这种精神状态来源于哪里呢？近代时中华民族处在一盘散沙、任人宰割、任人蹂躏，国将不国时期，因而梁启超、孙中山、鲁迅，特别是毛泽东等一大批仁人志士合力接力对中华民族进行思想启蒙，不断用中华传统优秀文化和马列主义武装中国人民，中国人民就有了和以往完全不同的精神风貌，在抗美援朝时彻底释放了出来。这也是很多研究抗美援朝历史的专家学者、也包括外国学者，把抗美援朝胜利归结为用毛泽东思想武装了中国人民的真正原因。说到这里，就需理解毛泽东思想是如何武装中国人民的，当然首先得了解毛泽东思想的具体内容。要了解毛泽东思想具体内容，我觉得需理解毛泽东在抗日战争时写的《论持久战》一文。现在我们进行深入解读，看它究竟是用了什么魔方能使中国人民几乎在一夜之间实现了民族觉醒的？《论持久战》一文尽管写的是抗日战争时期中国如何扬长避短、发挥优势战胜日本帝国主义的问题，但也极大地影响了抗美援朝的决策过程以及战争结果。所以，分析《论持久战》就能了解“毛泽东思想武装中国军队”在抗美援朝战争中所起的作用。

毛泽东《论持久战》，实际上是回答了如何武装中国民众以及

用什么内容武装等问题。《论持久战》一文分析认为："中日之间的较量绝非单纯的军事较量，因为从根本说是一场政治较量""中日之间的较量也不仅是现代化程度的较量，而且也在于意志与人心的较量，是军队的政治素质的较量""军队的使用需要进步的灵活的战略、战术""军队的基础在士兵，没有进步的政治精神灌注于军队之中，没有进步的政治工作去执行这种灌注，就不能达到真正的长官和士兵的一致，就不能激发官兵最大限度的抗战热忱"。所以毛泽东提出要进行"政治动员"。他分析说："从历史上看，日本政治制度是武士阶层，所以日本政治动员比较快，但范围有限，而中国的统治者是士文阶层。这个政治制度的特点是政治动员虽然进行的慢，但深度和广度比日本要大得多。"除此外，还需要"组织人民"。毛泽东认为："中国走向衰落的原因，就在于人民没有组织，社会没有组织能力""而一旦把人民组织起来，中国社会结构就会发生根本改变，日本的武士组织就不能与中国广大的群众组织相抗衡，只要人民组织起来，只要有一支人民的军队，这个军队便无敌于天下，个把日本帝国主义是不够打的""倘若中国能够进行全民族的广泛动员，并形成一支与人民在一起的军队，那么日本军事制度就会被中国的全民皆兵所战胜，日本在军事方面的优势，就将被中国在政治动员方面的全面性、广泛性之优势所克服""因为动员了全国的老百姓，就造成了陷敌于灭顶之灾的汪洋大海，造成了弥补武器等缺陷的补救条件，造成了克服一切战争困难的前提"。因为"战争的伟力之最深厚的根源存在于民众之中"。一气呵成，环环相扣。真是酣畅淋漓，真是鞭辟入里，真是深刻透彻！文中尽管没有提用什么内容武装，但只要通读原文，只要理解毛泽东所谓"政治动员""组

2019年中华人民共和国成立70周年国庆游行方队

织人民”的实际内涵，就能理解毛泽东的武装内容。总结起来，毛泽东就是主张用“政治动员”和“组织人民”手段，唤起民众抵抗自觉。从根本上说就是教育民众发挥优秀传统文化作用，重而唤起久违不在“不屈不挠”的反抗传统，重拾遗弃“英勇顽强”的不屈意志，恢复构筑“不怕牺牲”的民族精神，全面持久地抵抗日本侵略者，——这就是武装中国人民的具体内容。

正由于此，尽管日本军国主义发动对华侵略战争时设计了“中间突破、两翼齐飞”战略，煞费苦心，但在“政治动员”和“组织人民”的战略、战术面前彻底失败了。这被日本一位思想家丸山真男评价为“代表普世价值的中国革命”，因为“日本和西方的现代化是自上而下的，而中国革命是自下而上的，目的就是把自由、平等推行到最下层的人民中。因此，中国在抵抗西方的强权中焕发自我，进行了自我改造的革命”。可谓是认识比较透彻，认识到了组织、动员最基础人民群众的重要性和必要性。(韩毓海:《读懂了〈论持久战〉就读懂了中国和世界》，今日头条，2020年5月18日）日本侵略战争的战略设计者远藤三郎在日本战败后读了毛泽东《论持久战》才大梦初醒，认为毛泽东《论持久战》的核心内容抵抗强权、实现和平是日本失败的真正原因。而这些元素则来源于中国传统优秀文化。因为中华汉字“武”就是“止戈”，“止戈”是和平，和平是军人的道德，战争只有一个目的就是消灭战争，“为永久和平而战”。

这就是毛泽东《论持久战》内容的精髓所在，也就是毛泽东思想的具体内容。而这些内容是穿越历史时空、凝聚中国智慧，贯穿五千年以红枣文化为组成部分的中华优秀传统文化的具体内容。毛泽东吸收中国传统优秀文化并诉诸笔端，形成闪耀人类思想光芒的毛泽东思想，成为抗日战争胜利的强大思想武器。这尽管是抗日战争时提出的战略战术，但也成为以后中国人民和中国军队战胜不同类型战争、对待不同类型敌人的强大武器和制胜法宝，在抗美援朝中也发挥了强大作用。可见，以红枣文化为组成内容的民族传统优秀文化构成的毛泽东思想，使中国人民在抗日战争、抗美援朝中立于了不败之地。中华民族同仇敌忾、中国军人视死如归精神，就是红枣自然生活习性特点演变成的不畏艰苦、百折不挠在民族身上的折射和反映；中国军人在抗美援朝战场上流淌的殷红血液也是红枣生物学特点演变成的顽强不屈、舍身取义的基因和血液。抗美援朝的胜利是毛泽东光辉思想的胜利，也是以红枣文化为组成内容中华传统优秀文化的胜利。抗日战争的全面胜利和抗美援朝的伟大胜利是毛泽东运用传统文化、发挥文化作用的典型范例。联想到毛泽东《论持久战》一文发表后，当时有人总结说是“用空间换时间”。当

然他所谓的“空间”仅指地理意义上的“空间”，显然理解是肤浅的。在毛泽东看来，更指五千年文明历史的纵深空间。国防大学教授金一南也认为，中国共产党在抗日战争时期最大的成功是组织动员了民族。借助组织动员、借助日本侵华形成的危机，完成了中华民族的凝聚，形成了中国人民在抗日战争中深刻的民族觉醒、空前的民族团结、英勇的民族抗战。所以坚强的民族组织成了抗战取得胜利的决定因素。他在一次演讲中描绘了被组织和动员后中国民众的觉醒和结果。他说：“在河北邯郸西部的一个抗日根据地小山村，出现了一种奇景：父亲是农救会会员，儿子是工救会会员，媳妇是妇救会会员，小儿子是青救会会员，孙子是儿童团团员。”“有一次日军寻找抗日人士，包围了该小山村，用糖果引诱儿童辨认抗日人士。但无一儿童接受日军糖果。直到新中国成立后几十年，当有人对已是白发苍苍的当时儿童问：‘当时面对日军威胁，你就不怕吗？’老人回答：‘谁能不怕，但不敢接（糖果），一接就成汉奸了。’”金一南评价道，“语言很朴素，但认识很深刻，是教育组织动员的结果。中华民族的优秀品质和巨大潜能，像熔岩和地火一样，长期埋藏在普通民众心里。这是一种不需要立传的心灵约定。麻木千年、沉睡千年也会被唤醒、也会被触发。组织动员民众的核心就是激发这种潜在的火种。中国共产党完成对民众的组织动员，并不是教民众全新理论，而是点燃民众的内心之火”。金一南对毛泽东《论持久战》进行了形象化说明，这里所谓能被“唤醒”“触发”的潜能“地火”等就是以红枣文化为内容的民族优秀传统文化涵养而成的民族精神、民族气质。美国历史学家亚历山大·贝尔认为：“中国抗美援朝在没有任何附加条件下，中国军人在这个半岛——不仅收获了无可争议

的胜利，更一举改变了颓丧的民族精神。”可谓一语中的。

下面我原汁原味摘取三篇网络文章，一为缅怀先烈；二是近距离感受用毛泽东思想即用不屈不挠、不怕牺牲红枣精神武装起来的中国军人的高大形象。

原木在移动

——这是军旅作家李钢林写下的一篇文章，是一个美国士兵对那场战斗的描述

1950年12月，一个苦寒之夜，约翰和他的战友们在距离鸭绿江仅几十公里的一个小村庄过夜。

尽管在两个月前遭到志愿军的迎头痛击，狂妄的美国人依然判断中国人不会全面进攻，他们“只是想在破船上捞点东西”。

士兵们喝着咖啡，听着将军们许诺让他们回家过圣诞节，然后在鸭绒睡袋里暖暖地进入梦乡。

突然，梦碎了，枪炮齐鸣，火光冲天，埋伏在村外的志愿军发起了进攻。

约翰扒开鸭绒被堵住的窗户向外望去，夜空被照明弹照亮，身披白布斗篷的志愿军，组成战斗队形冲锋。

美国人引以为傲的装备开火了，像无数的火蛇在原木中穿行。

“……巨大的火球在原木中滚动，他们像僵硬的原木一样倒下，又有人不断地从树林中涌出……”“……火光中，冰雪在燃烧，大地在燃烧，河水红了，洁白的冰雪也红了，他们仍像僵硬的原木在移动……”

半个世纪后，当移居加拿大的老约翰对李钢林说起这段往事的时候，依然难掩内心的惊骇和恐惧。

那天晚上，约翰和他的连队被志愿军合围，仅十几人逃脱。

那天晚上，全套美军冬季装备的约翰，被冻掉了七个脚趾。

约翰不知道的是，志愿军的防寒装备与美军的差距，甚至超过了武器的差距。

有的战士在跃起冲锋之时，竟发现身边朝夕相处的战友，已经与冰雪化为一体。

直到生命的最后一刻，他们依然手持武器，坚定地注视着前方，注视着攻击发起的方向。

不要哭，眼泪会冻住的。

铁在烧

——1951年6月的铁原，注定是两军以死相拼的战场

在五次战役中，得胜班师的志愿军，突遭美军机械化部队反击，志愿军六十三军一八八师奉命在铁原城外的高台山组织防御，守卫这个志愿军囤积军需物资、转运危重伤员的重镇。

通往高台山主阵地的，是一条两侧坡度平缓的山沟，十分利于美军机械化部队机动，一旦被突破，将直接威胁大后方。因此，扼守山沟一侧207高地的重任，就落到了563团1连2排这支特功排身上。

1连2排的对面之敌，是名声在外的美骑兵第一师，这支部队的历史甚至可以追溯到独立战争时期，虽称骑兵，但早已是全部机械化，可以说是精锐中的精锐。

更令人心惊肉跳的是范弗里特，美第八集团军司令，骑一师的上司，这场机械化追击战的直接指挥者。

这是一个唯武器论者、火力至上原则的卫道士，著名的“范弗里特弹药量”就是他的“杰作”。

在他的眼里，没有什么是一次火力打击解决不了的，如果有，就再来一次。

根据美军条例，24小时内火力支援上限是40次。

但在铁原，这个数字是250—280次。

207高地，在烧。

一通暴风骤雨般的炮火后，骑一师的士兵开始向寂静无声的207高地进攻。

100米，50米，40米，30米……

就在美国人逼近到20米时，他们的头顶突然飞来漫天的手榴弹，紧接着就被冲锋枪成片撂倒，2排战士们从深深的工事中一跃而出，同剩余的敌人展开白刃战。

精锐中的精锐撤了下去，又是一顿暴风骤雨的炮火覆盖了207高地。

等他们再次抵近到20米之内时，迎接他们的还是手榴弹，冲锋枪，还有2排战士的刺刀。

同样的事情，在1951年6月6日的高台山207高地，一遍又一遍地上演。

与团部的通信中断了，伤亡人数在激增，但高地依然牢牢地掌握在2排手中。

当2排掩护友邻部队突围撤退后，全排最后8个人也陷入了敌人的重重包围，弹药几乎打光，背后是悬崖绝壁，突围已不可能。

没有人胆怯，没有人惊慌，这8名勇士，在烈焰冲天的阵地上，砸毁了枪支，向敌人甩出最后一颗手雷，然后纵身跳下悬崖。

中国人在此

——关于上甘岭，我们不知道的还有太多

一位军史研究者，曾经讲述过这样一段历史。

1952年10月25日，抗美援朝两周年纪念日，十五军四十五师已在上甘岭经历了十余天血战。军长秦基伟连夜把保卫军部的警卫连也派上了前线，派往著名的597.9高地，这是他手中最后的机动兵力了。

而“联合国军”方面，恐怖的“范弗里特弹药量”被发挥到了极致，生力军韩二师取代被四十五师打得气息奄奄的美七师，大有一口吞掉上甘岭之势，战场形势万分危急。

攻击开始了，气势汹汹的敌人向志愿军阵地扑来。突然，枪声大作，敌人的身后炸开了锅——一支志愿军小分队，不知什么时候潜入敌阵，占领了一个美军修筑的堡垒。他们非常冷静，直到敌第二梯队集结完毕后，才开火猛打。

这个堡垒，就像一根刺，卡在张开血盆大口的“联合国军”咽喉，让他们始终无法吞掉志愿军。

因此，敌人不惜一切代价，也要拔掉这根刺。

一个连的敌人摸上来了，还没接近，就被潜出堡垒的战士用手榴弹“热情招待”了一番；敌人派出一个班抵近侦察，发现没有什么动静，大概是志愿军都牺牲了吧，于是全连大摇大摆地站起身来，孰料三名战士突然呈战斗队形出现，对着他们一通扫射，该连遂溃。

四十五师师长崔建功在指挥所里看到了这一切，边夸战士们打得好，边问这是哪支部队派出的奇兵，一定要给他们记特等功。

然而，没有人知道。

所有前沿部队都说没有小分队派出。

第二天，敌人在美军飞机的掩护下再次发起了进攻，火光与硝烟中，五个志愿军战士的身影在闪动。

是的，只有五个人。

“联合国军”做梦也想不到，堡垒中只有五个人。

他们依托敌方工事，用敌方兵器，同数百倍的敌人决死搏杀。

一天，两天，三天，堡垒中的枪声始终没有停歇，直到10月28

日，我军终于突破火力封锁，冲到了堡垒前。

首先映入眼帘的，是堡垒外三位烈士的遗体：

一位烈士躺在鸭绒睡袋里，应该是牺牲较早，被战友安放的。第二位烈士身上的棉衣已被炮火撕碎，子弹打穿了他紧握手雷的双手。第三位烈士手指上还勾着手榴弹线圈，身旁的敌军尸体重重叠叠。走进堡垒，第四位烈士的遗体在堡垒门口，怀抱一根爆破筒。第五位战士跪在射击孔旁，怒目圆睁，手指还扣在机枪扳机上，走近一看，他也已经牺牲了……

后来推测，他们应该是秦基伟将军派出的警卫连战士，在连夜进入阵地时由于敌人的轰炸而迷路，误入敌阵。恰逢美七师和韩二师换防，那座坚固的堡垒其实是一座被放弃的营级指挥部，五位英雄正是这样潜伏下来，成为扎在敌人咽喉的一根尖刺，而且一扎就是整整四天。

在这四天时间里，敌人为了拔除这根刺，始终无法将第二梯队组织起来，投入对我军坑道的攻击。

在这四天时间里，四十五师一口气缓了过来，为上甘岭战役的完全胜利打下了坚实的基础。

战事紧急，无法迎回烈士的遗体，因此没有人知道这五位英雄的姓名。只有一句话，英雄们深深地刻在了堡垒的石壁上——中国人在此！

刘子君、王雷《谜一样的东方精神》《参考消息》2020年10月9日

和抗美援朝类似的还有两段历史时期，创造了两次世界奇迹。在冷兵器时代，农耕民族战胜了游牧民族，汉朝时打败了北方匈奴游牧民族，唐朝时打败了北方突厥游牧民族；在热兵器时代，落后的农业国家战胜了先进工业国家，抗日战争时中国打败了日本取得

全面胜利。这两段时期的特点是以红枣文化为内容的民族传统优秀文化处于特别兴盛和张扬时期，民族精神处于特别能释放能量的时期，是中华民族特别能战斗的时期。汉时的口号“犯我中华者，虽远必诛”就是这些时期的真实写照。

红枣文化来源于中华先民生产、生活，民俗化、世俗化、大众化特点非常鲜明。红枣文化既不是束之高阁、不接地气，让人捉摸不透，只适合休闲清谈的纯粹抽象精神产品；也不是逆人伦、灭人欲，有清规戒律和反应狂热、非理性的宗教文化产品；而是渗透到中华民族生产、生活方方面面，和风细雨渗入，潜移默化影响，沁入心脾引导；举手投足就能彰显，说话意念就能表现，每个人都可效仿、践行的精神产品。千百年来，红枣文化成为中华民族仁人志士崇尚的行为规范和追求的至高标准，塑造着中华民族的灵魂、铸造着中华民族的精神世界。正因如此，也成就了一个个活生生有血有肉的受红枣文化熏陶大写的历史人物。红枣文化具体化、人格化，使红枣文化更加丰富丰满、更加生动活泼、更富有生命活力，像一条大江大河一样，奔流不息，流淌到现在。

细数这些历史，品味其中奥妙，文化是民族的灵魂，是滋养、涵养民族精神的养料，影响着历史的发展。文化是一只看不见的巨手，能够在人们认识世界、改造世界的过程中创造生产力、提高竞争力、增强吸引力、形成凝聚力。文化的力量，是一个民族的重量，一个国家的分量，一个社会的体量。社会历史的发展和进步，民族的独立和振兴，国家的繁荣和富强，人民的幸福和安康，都需要文化的力量支撑。

红枣文化是民族传统优秀文化的源头之一，它与其他民族文化共源起、共繁荣、共发展，是组成民族精神的重要成分之一，所以说它奠基了中华民族精神。所谓奠基了中华民族精神，至少包含三层意思。一是指最原始的材料即“奠基石”。红枣文化是构成民族精神大厦最原始的材料之一。二是指朝向，即方向。红枣文化影响、左右了中华文化流向，进而影响到民族精神的材料选择。影响朝向的因素还包括“肥料”即基本养料。以红枣文化为内容、又不断汇聚其他文化成果的肥料，是滋养、涵养中华民族精神的最主要养料，也决定、影响着中华民族精神的基本方向。三是放在什么地方。从上面论述看，是放在了民族精神和民族价值观的位置上，而且占比份量重，也即是“压舱石”。从这些看出，红枣和民族精神不是一般意义上的象征，而是不同类型事物同出一源的相同体现，是红枣基因融入民族血液中、红枣文化深入到民族骨髓中构成的中华民族精神的自然表现。二者异物同源，脉络清晰，表现一致。

三、红枣文化填充中华文明内容

从红枣功能看，红枣功能多样且易被人吸收。红枣生命周期长，生命力旺盛，构成成分多，营养价值高，能有效提高人体抵抗力和免疫力。红枣能适应不同体质人群，也能适应不同区域环境下的不同体质状况的人群。“枣树的可贵之处在于低调、谦和、内敛、奉献，不与百花争宠，但又发挥着重要作用。”（《敬畏枣树，一种精神》，三晋网）红枣这种内敛、不张扬，只把甘甜果实奉献给人类的习性特点影响了中华民族的思维，影响了中华民族人与人、民族与民族之间交往秉承的理念。中华民族有和平基因，处强而不逞强，有怀柔四海之气度。中国文化本质上是一种和平文化，没有侵略性，强调“和为贵”。早在2000多年前，中国道家的创始人老子提出“不敢为天下先”即后发制人的防御思想，把“和而不同”视为“天下之达道”，把“天人合一”视为人与人、人与自然相处的最高境界。儒家主张“以德服人”，反对“以力服人”，主张“天下大同”“协和万邦”。墨子把“兼爱”“非攻”视为实现人际和谐与国际和平的根本途径。“兵家之祖”孙子告诫“兵者，国之大事，不可不察”“主不可以怒而兴师，将不可以愠而致战”“非利不动，非得不用，非危不战”，他将“不战而屈人之兵”置于战略理论金字塔的顶端。中国军事思想终归一点就是“为实现和平而战”。这些理念直至现在都闪耀着优秀文化思想光芒。改革开放初期直到现在中国外交理念是“韬光养晦”。中国高举和平、发展、合作、共赢的旗帜，坚定不移在和平共处五项原则基础上发展同世界各国的友好合作关系，用共商、共建、共享全球治理理念推动建设相互尊重、公平正义、合作共赢的新型国际关系，用睦邻、安邻、富邻等来处理与周边国的关系，从而推动构建人类命运共同体。“一带一路”倡议就是这种外交理念下的具体外交实践。总结这些外交理念，和老子“水利万物而不争”的传统优秀文化思想精髓是一致的。老子“水利万物而不争”观点集中体现在他和孔子二人的对话中。二人对话用现在的话是这样的：“‘善行的最高境界就像水一样，滋润万物而不争名逐利，处于天下众生所厌恶的地方，反而更接近于道，这是谦虚的德行。江河之所以能够成为一切河流的归宿，是因为它善于处在下游的位置上，成为百谷之王。天地之间，最柔弱的东西莫过于水，但是它却能穿透最坚硬的事物，水滴石穿。可见，柔能克刚，弱能胜强。不见具体形状的东西，可以进入到没有缝隙的东西中去。

由此可知，无言的教化和无为的益处更甚于有为。’孔子听了恍然大悟说：‘先生的话使我茅塞顿开；天下之人都高高在上，只有水处在下方。天下之人都喜欢安逸，只有水处于艰险；天下之人都喜欢洁净，只有水处在污秽之中。水趋向的处境都是天下人厌恶的，所以没有人能与之相争，这就是最高境界的善。’老子接着说：‘当你不与天下人相争时，天下将没有人能与你相争，这就是效仿水德行事。水最接近于道，道无处不在，水无所不利。水避高趋下，从不回流，善于利用地势的起伏。你看那深潭中的一汪碧水，表面清澈而平静，却是那样的深不可测。水也会有流失，但却从不会枯竭。默默无闻地滋润万物，却不求回报，这就是水至善至仁的品格。它遇到圆形障碍就绕其而行，遇到方形障碍就折回而走，遇到堵塞就暂时停止，一旦出现决口就浩荡奔流，这就是水的信誉。它能洗涤肮脏污秽，能使崎岖的地势趋于平缓，这就是水的能力。它用浮力载物，用清面照人，用坚毅的恒心克服障碍，这就是水的长处。贤人和聪明的人都善于选择时机，能随机应变、顺天应时，就像皓皓明月，静观世事沧桑。你现在回去，应该戒骄戒躁。要不然，你人还没到，名声就已经传来，身体还未动，声势已经先行，张张扬扬，就像老虎走在大街上。这样，谁还敢用你呢？’”水对世间万物慈祥博爱，却默默地甘居低下而不卑；水能革故鼎新、荡涤尘污且纯真自然；水能顺势而为，时刻点滴积蓄能量，川流不息；水看似无形、无力，却又能赋形、穿石，积累浩大之能量。这些话是多么深刻透彻，多么鞭辟入里，多么入木三分！哲人睿智论述回响在2000多年前历史上空，既像一声惊雷，在天地间回荡，给人以震撼；也像悠长笛声，余音袅袅不绝于耳，经常弥漫在心间。这些理念告诉我们，人与人、

民族与民族交往要放下身段，低调平和，平等对人，要有接纳人的态度，善于学习与汲取别人、别的民族的长处。只有这样，才可能成就一个人或民族的强大。在五千年中华文明发展历程中，黄河文明后来居上，快速崛起，一统天下成为主流文明，是在不断汇聚融合其他文明成果基础上形成的，既说明了黄河文明的兼收并蓄、海纳百川、有容乃大发展特征，更说明了中华文明承袭黄河文明特点像水一样滋润万物，普度众生的潜在特质。

历史上中国处理与世界各国关系都是遵循这些规则的。中华民族生活在大陆地区，周边邻国众多，国土接壤国家多，先天产生矛盾的因素多。但中华民族是个热爱和平的民族，就是在我们有能力荡平周边各国的情况下，我们也没有像西方列强一样殖民周边国家，而是以一种非常和平的方式维系着最早的国际秩序。汉朝时，汉朝的军威远播中亚、欧洲里海、俄罗斯贝加尔湖地区，周边国家愿意成为中国的藩属国。唐朝时，中国的富强声名远播印度、阿拉伯和东欧地区，“羁縻”政策取代册封制度，封赐外国人与中国人相同的官职。明朝建立后，明太祖朱元璋确定了“厚往薄来”的朝贡制度。清朝建立，保留了明朝大部分朝贡体系。中华民族尽管有强大武力，但不逞强，而是在朝贡体系下实行“无关税”的特殊恩典贸易，无疑是世界上最早的自由贸易区，和用武力征服下的殖民体系有着显著不同。历史上曾经不可一世的殖民大帝国靠殖民政策，虽赢了一时，但随着时间推移大都不复存在，历史已经证明并还将进一步证明，只有低调谦和，怀柔四海，包容天下，不恃强凌弱，不搞霸权的中华文明才具有强大生命力。正由于有这些态度，中华文明和其他文明在融合过程中尽管也出现碰撞、砥砺，过程也激烈、

艰难，最终还是汇聚而成包罗万象、婀娜多姿的中华文明。唐朝就是这样一个典型的文明社会时期。余秋雨说“唐朝地域不小，历时不短，空前绝后，是古今间的唯一”。“唯一”首先表现在“大”上。比如，都城长安“比之于古代世界最骄傲的城市罗马，还大了差不多6倍”。其次表现在“商业”上。长安一共有“二百二十行”，共两个市场即东市和西市，各有一个井字形街道，划分为9个商业区，万商云集，百业兴盛，是当时世界上最繁荣的商业贸易中心。再次，还表现在“文化”上。“罗马的艺术”、“拜占庭风格建筑”、希腊的缠枝卷叶忍冬花纹饰、印度的杂技魔术，林林总总。“长安街头多是外国人，三万多名留学生，仅日本留学生先后来过近万名。外国留学生参加科举考试，中举后在中国担任官职。”最后，还表现在“民俗”上。“一派异域情调”“饭店、酒肆很多，里面的服务员是美丽的中亚和西亚的姑娘”，“紧身的波斯服装风靡长安”，并影响汉服也变成“低胸、贴身的波斯款式”。这和王维在《和贾舍人早期大明宫之作》“万国衣冠会长安”说的一样。这里我不厌其烦、详尽罗列城市风情，在于说明唐朝都城长安是国际大都市，中华文明包容接纳各种文明，各种文明间都能和谐相处。要问原因，余秋雨分析说：“唐代不会盛气凌人地把异域民众看成是一种归顺和慑服，而是各方文明的虔诚崇拜者。”可见对待异域文明的态度是关键因素。放低身段、心悦诚服、吸收汲取的态度才是正确态度。这种态度也是强者的态度和强者之所以是强者的原因。他分析道，“盛唐之盛，盛在精神，大唐之大，大在心态”（余秋雨：《寻觅中华》，作家出版社2008年版，第208—209页）。从这里我们看出的是中华文明博大气量、包容心态，吸纳各文明成果后变成的有容乃大、雍容大度；看

到的是在雍容大度气度下汇聚各文明成果形成的浩浩荡荡的中华文明。所谓“不积跬步，无以至千里；不积小流，无以成江海”（荀子《劝学篇》），用在文明发展上也是一样的。这与红枣特点何其一样——广纳各种自然力量，汲取多种品种特征，然后生成功能多样造福人类的累累硕果！

英国历史哲学家汤因比说：“解决21世纪的社会问题，唯有孔孟学术和大乘佛教。”他大胆预言，未来最有资格和最有可能为人类社会开创新文明的是中国，中国文明将统一世界。世界的未来在中国，人类出路在于中国文明。无独有偶，1988年在巴黎召开的“面向21世纪第一届诺贝尔奖获得者国际大会”上，75位诺贝尔奖获得者围绕着“21世纪的挑战和希望”议题展开讨论，得出的重要结论之一是，人类要生存下去，就必须汲取25个世纪之前的中国儒家先贤之智慧。当今世界，功利、民族主义盛行，单边、霸权主义横行，特别是发生于2020年初的一场新冠疫情事件给世界带来很多不确定、不安全因素，带来许多隐患和错综复杂的矛盾，为中华文明复兴提供了机会，为中国文化走向世界提供了舞台。

第五章　红枣文化勃发无限生机

红枣文化渗透到民族血液中、植入到民族骨髓中，极大地影响了中华民族精神形成，左右了中华文化发展方向，促进了中华文明发展进程，使中华民族愈挫愈勇，百折不挠；中华文化枝繁叶茂，郁郁葱葱；中华文明历久弥坚，历久弥新。

一、中华文明史是以红枣文化为内容的中华民族优秀传统文化不断演绎的历史

中华文明一脉相承一以贯之。中华文明虽有过少数民族政权入主中原、汉族受欺凌时期，也有过八国联军、日本侵略中国，山河破碎时期。但，一是这些时期时间比较短暂；二是每当处在这些时期，中华文化一刻也没有停歇和缺席，总能显示出超乎寻常的耐力、张力，发挥着自身独特的作用，致使中华文化薪火相传，绵延至今，没有中断。中华文化薪火相传表现在每到民族危亡、文明濒临中断的关键时刻，总有荷载民族优秀传统文化、有担当和有责任的关键人物和能保持文化延续、文明传承的关键事件出现。正像一个伤痕

累累、筋疲力尽的老人，尽管步履蹒跚、步伐沉重，但他一刻也没有歇息，而是瞅准机会，补充能量，又容光焕发上路前行了。这里所谓“关键人物”和“关键事件”是指能给中华文明注入新的能量，促使文化赓续起来，恢复起来，得以传承的人或事。这样的结果说明，一是汉族主导的历史没有中断，中华文明发展史一脉相承，以源头红枣文化为内容之一的民族优秀传统文化不间断地传承下来；二是说明以红枣文化为内容的民族优秀传统文化渗透力强大、生命力旺盛。美国前国务卿基辛格说：“中国总是被他们之中最勇敢的人保护得很好。”他对比西方文明后总结说：“自古以来，西方国家的建立总有一个开端，但中国似乎没有这个概念。在他们漫长的历史过程中。每当他们建立起大一统盛世的时候，总是不认为这是创造，而是复兴，是回到巅峰。似乎那个巅峰，早在黄帝之前就存在一样。”（[美]亨利·基辛格著。胡利平等译：《论中国》，中信出版集团2015年版）

国防大学教授金一南讲述了东北抗联司令员杨靖宇牺牲时的情景。他说：“当时中国社会出现的精神沉沦和人格沉沦触目惊心。一盘散沙的中国人出卖自己的国家，出卖自己的民族，出卖自己的战友。”但就是在这样一种整体局势面前，特别是在冰天雪地里战斗、缺吃少穿、挨冻受饿、战到后来只剩下司令员一人、敌人围剿得又特别厉害的危急时刻，杨靖宇仍没有投降。而且面对前来劝说投降的前战友时说了一句至今听来仍摄人心魄、撼天动地的话：“中国人都投降了，还有中国吗？”令人血脉贲张，令人感动万分，令人潸然泪下！于是金一南说：“中华民族总在关键时刻，有这样的人物成为民族的脊梁，在万念俱灰的时候，有这样的人物成为民族精神的图腾。”（金一南:《魂兮归来：金一南讲抗日战争》，北京联合出版社2015年版，第131页）这就是延续中华民族、传承中华文明的关键人物！当然还有鲁迅先生笔下的“我们自古以来就有埋头苦干的人，有拼命硬干的人，有为民请命的人，有舍身求法的人”等一批寂寂无名但具有民族气节的“民族脊梁”。

还有延续、传承中华文明的“关键事件”。20世纪初，八国联军一路打来侵占北京。在中华民族处在生死存亡、亡国灭种的危急关头，河南安阳一带发现了甲骨文。甲骨文是刻在龟甲和兽骨上的文字，是迄今中国发现最早的比较成熟的文字，是中国现在仍然使用汉字的雏形。文字是文化的重要符号，是文明的重要载体和标志。这种文明的标志、文化的符号在堙没二千多年后被发现，特别是在中国社会处在动荡时代、文化文明即将中断情况下被发现，显示出特殊意义。可以这样说，甲骨文的出土意味着重新找到了中华文化密码，因此民族精神就慢慢地得以恢复，民族文化得以接续起来。在这里，几乎湮灭的以红枣文化为内容的民族精神、民族文化的重新恢复和振作接续是用甲骨文出土的方式表现出来的，令人称奇。与文字的发明据说“天雨粟，鬼夜哭”（《淮南子·本经训》）惊天动地一样，甲骨文的发现也震动了社会。正由于恢复了民族文化，红枣文化中的不屈不挠、抵御恶劣环境的基因找到了，意味着中国人民重新捡拾起了自强不息、顽强拼争的优秀民族精神，反抗民族压迫、反抗外来侵略就成了自觉行动，于是在“天下兴亡”时刻，一大批仁人志士“匹夫有责”，以“驱除鞑虏、恢复中华”为己任，前仆后继，艰辛探索，艰苦奋斗，终于推翻满清王朝，取得旧民主主义的初步胜利。在这里寻找久违的文化既是手段，更是目标，和

推翻清朝帝制一样都是当时仁人志士矢志不渝追求的并行不悖的目标，辛亥革命成功就成了必然结果。辛亥革命成功，表象上是军事斗争胜利，实则是文化复兴的结果。

钱穆总结中国精神特点，“承平盛世，这种民族精神不太彰显，反倒是在危难乱世，它更为壮旺而健康、坚强有力。亦如松柏之常青，并不见异于阳春和煦之日，而更益见异于年冬大寒之天”，“必待岁寒，始为人知”，“中国文化绵延四千年——因此其所经艰难困苦，亦特丰富，由此养成了中国民族特有的克难精神，常能把它从惊险艰难的环境中救出”“中国历史之精神，唯其能居安思危，所以能履险而若易，唯其不作春风之得意，所以亦不面对严冬之丧气。”（清水茶空间:《清茶之谈之民国时代语文课文选　中华民族的克难精神》，今日头条，2018年11月28日）。这里所说的“克难精神”是指中华文化独特基因和气质，实际解释了中华文明之所以能在绝处逢生、逆境中崛起的具体原因，而这又体现在“关键人物”“关键事件”的作用上。

仔细梳理历史，我们发现，中华文明之所以具备这种“克难”特质，背后隐藏着更深原因。中华文明发展过程中，善于运用自身积累起来的“文化底蕴”，在时间与空间的帮助下化解各种外来冲击，同时又汲取到新的能量，从而让中华文化提高了发展起点，中华文明发展也因此逐渐提高。虽然在外力冲击时偶有低谷，但每次低谷都为下一次在更高点上发展积蓄了新的动力和新的能量。正像最能体现中华文化特点的太极拳一样，不仅将外来冲击化解于无形，还能借力打力、倍增自身力量。当然，这种能力需具备两个条件：一是需有足够力量；二是需有转化技巧。前者能承受冲击，后者能汲取到新的力量。中华文明就是冠绝世界的“太极拳高手”。十六国和南北朝时期中华文明处在相对衰败的时候，游牧民族持续不断冲击，产生了胡汉融合、制度创新与文化创新，最终被转化为隋唐盛世的成长动力；唐末五代十国时期，草原冲击为中华文明摸索出了二元政治结构，直接塑造了现代中国疆域；清末海洋文明冲击，促使中国转型成为一个近现代国家。所以，我理解上面提到的所谓“文化底蕴”，就是指发端于红枣文化的中华文化的包容力和转化力。包容力能接纳，转化力能吸收，加起来不仅能化解各种外来冲击力而且能吸收新能量，再经长时间积淀后形成了一种力量、底气、韵味。纵观中华文明发展历史，也是和少数民族文明不断融合发展的历史。融合大致有三种方式：北魏时的自我汉化；元朝时的民族分化但又执行的汉化政策；清朝时的表面满汉一家实则民族分化，最后外表上满化实质上汉化。无论何种方式汉文化始终是主流，趋势仍在前行，其原因就在于具有强大的包容力和转化力。红枣文化开放包容特点一脉相传、一以贯之传承下来，既成中华文明绵延五千年的原因，又成为绵延的具体内容。所以中华文明史是以红枣文化为内容之一又不断吸收融合其他文化成果基础上不断递进演绎流变的历史。

一部中国近代史是中国由封闭落后不断挨打、逐渐沦为半殖民地半封建社会的历史，也是各种志士仁人探求救国救民、拯救民族走出水深火热历史的历史，从根本上说也是寻找文化密码、恢复文化记忆、重拾民族精神的历史。开始于1840年的鸦片战争，国门被鸦片和坚船利炮打开，中华民族从此开始了一段屈辱、不堪回首的历史。一部分士大夫认为这是技术落后的原因，提出了“师夷长技以制夷”、实行“洋务运动”。历经二三十年的不断学习、引进技术、引进军事装备等，但经甲午中日战争一战损失殆尽，洋务运动也宣告破产。残酷的现实教育了中国人民，认识有了新的变化，认识到中国与西方列强的差距不在武器装备、技术水平，而在于制度的落后，其后便开始了戊戌变法和孙中山领导的辛亥革命等意图建立新制度的尝试。孙中山领导的辛亥革命推翻了腐败无能的清王朝统治，建立了中华民国，总统共和制取代了封建君主制，但新生的民国仍没有改变近代中国半殖民地半封建社会的性质，中国人民依然受到国内外反动势力的压迫，中国仍蹒跚在沉沦的轨道上。这时中国人民被迫重新寻找救国的良方，认识到机器、技术、制度等形而下层面难以拯救中国，只有开展“新文化运动”，用“民主”“科学”的新文化武装民众才能解救中国走出水深火热现状。于是一部分有识之士大力进行思想文化革新，鞭挞国民劣根性，唤醒人民群众，重塑民族精神。这场运动为中国共产党最终登上历史舞台做了思想上、理论上、组织上的准备，为中国最终选择马列主义奠定了文化思想基础。“新文化运动”就是通过文化复兴、思想革新、以期唤醒民众的思想启蒙运动，20世纪初，梁启超在《五十年来中国进化概要》中说，从现代化的视觉把近代中国五十年的历史演进过程划分为三个时期，它们分别代表着中国从传统向现代社会转型的三个层面。一是从鸦片战争到甲午战争，经世致用论和自强运动即器物层面的现代化起步；二是从甲午战争到维新变法运动即制度层面现代化的变革；三是开始于五四新文化运动即文化层面的现代化变革。从这可看出，伴随着近代史探索国家解放、民族独立、人民富强的是中国人民认识从形而下器物到形而上制度和思想文化变化的历史，这样一个由浅入深、由表及里过程，是认识上不断升华的过

程，最终说明了文化提升、进步才是社会、民族变革最主要动力和力量这样一个颠扑不破具有普遍性的真理。习近平总书记在山东考察时说:“一个国家、一个民族的强盛，总是以文化兴盛为支撑的。民族伟大复兴，需要以中华文化繁荣发展为条件”，正是说明了这样一个深刻道理。

二、以红枣文化为内容的中华民族优秀传统文化引领中华民族走向更大胜利

五千年的历史反复证明，什么时期以红枣为内容的民族精神发扬彻底、发挥充分，什么时期中华民族就豪气万丈、气吞万里，呈磅礴之势，中华文明浩浩荡荡、威震四方；反之，民族自信心丧失、任人蹂躏，国家任人宰割，文明惨遭浩劫。这种现象在中华民族发展史上多次出现过。金庸总结说，历史上这种现象一共出现过七次。

但令人高兴的是每到民众麻木、文明有中断危险时，总会出现复兴以红枣文化为内容民族文化为前导的绝地反击。正像中华人民共和国国歌的歌词一样，“中华民族到了最危险的时候，每个人都会发出最后的吼声”。20世纪初日本发动“九一八”事变，占领东北成立“伪满政府”（当然还可前推，19世纪侵占台湾），全面完成侵华的前期准备后于1937年悍然发动了全面侵华战争，侵占了大半个中国，中国又一次处在了山河破碎的悲怆境地和亡国灭种的关键时刻。这一次挺身而出挽救中华民族危亡、绵延中华文明的是继承民族优秀传统、荷受民族优秀文化、用马克思主义武装头脑的中国共产党。他们毅然承担起领导全民族抗战的重任，成为抗日的旗帜和民族的脊梁，在抗日战争中起到中流砥柱作用。那么这次中国共产党是如何

展开绝地反击的呢？我们从毛泽东和中国共产党的两次选择举动中寻找答案。第一个举动是通电全国毅然选择抗日。当时具体情况是红军经历二万五千里长征、国民党一路围追堵截和残酷的内部斗争后刚刚到达陕北，可以说是伤痕累累、消耗严重、十分疲惫、异常艰难。加之陕北土地贫瘠、十年九旱、百姓生活困难，难以提供红军生活必需的给养物资。这时侯如果选择抗日其状况就像一个拳击手已被打得鼻青脸肿、东倒西歪，可仍走上拳击台挑战重量级拳手一样，其困难可想而知。正是在这样一种立足未稳、自顾不暇情况下，毛泽东和中国共产党还毅然举起抗日大旗作出抗日举动，着实令人惊讶，难于理解。正常情况下，一般选择偏处一隅，养精蓄锐，待精力恢复后伺机开展下一个行动。还有一个举动是选择土地贫瘠、经济薄弱，各方面硬件条件都很落后的延安为抗日根据地。如果要选择抗日根据地，还应有其他选项。特别是在国共达成一致抗日主张后前出到日寇重灾区是应该选择的，或选择交通方便、给养保障条件较好的地区也是可行的。而选择延安着实令人费解，有违常规。关于第一个举动，我们还原当时毛泽东在处理西安事变时前后的决策过程，或许能找到些线索，解释清楚原委。九一八事变后到1935年，日本又在策动华北五省自治，实际上就是图谋分裂、进而霸占整个中国。毛泽东和中国共产党已看清楚日寇的侵略野心，于是刚到陕北就着手统战工作，希望联合一切爱国力量，全面抵抗日本帝国主义。1935年12月5日，毛泽东在给杨虎城的信中说："中国共产党愿联合一切反蒋抗日之人，不问及党派及过去之行为如何，只问今日在民族危机关头是否有抗日讨蒋之诚意"。同时也和驻扎在陕北的张学良部联系联合抗日事宜。1936年2月初，毛泽东率领红军

东渡黄河开赴抗日最前线东征时，力排众议亲自担任“红军抗日先锋队”政治委员。1936年4月28日，红军结束东征回师陕北后，发出《停战议和一致抗日》通电，政策也由“抗日反蒋”调整转变为“联蒋抗日”。1936年9月1日，中共中央发出指示，明确提出，“目前中国的主要敌人是日帝，所以把日帝与蒋介石同等看待是错误的，抗日反蒋的口号也是不适当的。”西安事变发生后，1936年12月15日，由毛泽东领衔发表《红军将领关于西安事变致国民政府》电，表示红军愿和国民党军队“联袂偕行，共赴民族革命之战场，为自由解放之祖国而血战”。1936年12月19日，在中央政治局扩大会议上毛泽东说：“我们主要是消弭内战与不使内战延长”，“我们应将国内战争变为抗日战争”。同时，毛泽东为了统一认识，解决共产党干部疑问，在红军大学专门做报告，释疑解惑。面对含着热泪学员的“蒋介石欠我们的血债太多了，他杀了我们的许多同志，蒋介石为什么不能杀”的质疑时，毛泽东耐心地解释说，“正因为我们要报仇雪恨，我们更不能感情用事，杀了蒋介石，只能引起更大规模内战。中国人打中国人，日本侵略军占领全中国岂不更容易，更便宜了吗？”(何立波《毛泽东与西安事变》,《人民网－中国共产党新闻网》，2013年11月21日)可见，毛泽东和中国共产党在西安事变前后的决策过程是不断调整变化的，而调整变化的目的就是为了团结一切力量，全面抗日，从而复兴民族文化、绵延中华文明、接续中国历史。所以，毛泽东和中国共产党行动上就不顾一切、有违常规、毅然作出抗日选择。我们还原这个变化过程，看出了毛泽东和中国共产党是中华从民族前途和根本利益出发，接续文化、赓续文明的大义之举，更看出了是一个担当道义，肩负使命，置个人安

危于不顾，不为一党私仇所执，抛弃党派恩怨和党派之争高大光辉的民族英雄形象。如果把这些放在五千年中华文明历史长河中观察，感觉到既是历史惯性，又是毛泽东和中国共产党使命担当下的自觉行动，既是历史惯性下的常规动作，也是使命担当下的自然而然结果。说到这里，看来问题的关键不在于什么人和哪个组织，而在于个人和组织的使命是什么，有什么样的使命，就会有什么样的路径选择。关于第二个选择举动，固然有当时陕北红色根据地的实际情况因素、有毛泽东已经寻找到并已付诸实践的“农村包围城市”“在敌人统治薄弱地区建立根据地”的认识因素起作用，但如果把这种举动放在文化大背景下观察，感觉到并非如此简单。延安是红枣的原产地区域，是红枣文化的孕育区和勃兴区，是荷受中华传统优秀文化、具有使命责任意识、拥有健康人格的人的生活区，也就是说延安区域从文化上说具无与伦比优势。选择延安就是文化寻根、思想洗礼、精神构筑，能传承起民族中百折不挠、顽强抵抗、不怕牺牲文化传统，在反抗日本侵略者的斗争中能起到应有作用。因此，选择延安就成了必然。依此，选择延安合情合理，先行占领了文化高地，具有前瞻性。如果再从毛泽东个人角度观察，更能感觉到这种选择的必然性。毛泽东深扎中国广袤大地，广泛汲取中华传统优秀文化养分，并吸收当时世界最优秀文化成果马列主义，而后形成了毛泽东思想科学体系。不苛选土质、在恶劣环境下生存的红枣自然生活习性特点，变成中华传统优秀文化中吃苦耐劳、自强不息、坚强不屈、不怕牺牲中华人文内容，形成中华文明的“克难”(钱穆语)气质。这和马列主义用革命的暴力反对反革命暴力的斗争、革命气质相结合，形成了的毛泽东思想更加浓厚“克难”气质。而这

种气质的特点就是越是在艰苦环境下、越是在艰难困苦中越能释放能量，越能发挥作用。旧中国深受三座大山压迫，百姓民不聊生、民族水深火热、国家遭受侵略，正是中华民族处在极端艰难困苦的时候。这种环境，也正是毛泽东发挥这种特殊气质的环境，就为毛泽东长袖善舞提供了广阔的舞台。所以，毛泽东选择艰苦环境、选择困难也是得心应手，气质使然，自然而然。毛泽东的这种文化气质适时出现在了当时中国亟需这种气质的时候，出现在了波澜壮阔的革命斗争环境中，适逢其时，就会产生了巨大能量——英雄促时势，时势造英雄！毛泽东在成就了他个人辉煌历史的同时，也使中国彻底摆脱了沉沦百年的悲惨命运。辉煌结果更加证明了选择的正确性，说明毛泽东是当时唯一能够担当使命、胜任历史任务拯民族出水火的角色。如果再联想到毛泽东指导中国抗日战争的光辉文献《论持久战》，在分析了中国历史特点后提出用“政治动员”“组织群众”方法抵抗日本侵略者，更能感觉到毛泽东借助中华文明力量的高超艺术。当时有人总结说，毛泽东是用“空间换时间”，实际上毛泽东的“空间”不仅指地理意义上的“空间”，更包括五千年文明纵深的历史空间。行文到此，我们完全能理解毛泽东和中国共产党两个选择举动的合理性和正确性了。而正是这些突破常人思维、有违常规的非凡举动集中回答了如何绝地反击问题。我们也从中看出了毛泽东和中国共产党一如五千年中华文明发展中的关键人物一样，毅然承担起了民族复兴的光荣使命。可见以红枣文化为组成内容的中国传统优秀文化对于毛泽东的重要性。

我们再从其他历史片断中寻找毛泽东和中国共产党作出这两次选择举动的具体原因。1944年毛泽东在给李鼎铭先生的一封信中说：

吾国自秦以来二千余年推动社会向前进步者主要的是农民战争。大顺帝李自成将军所领导的伟大的农民战争，就是二千年来几十次这类战争中极著名的一次。这个运动起自陕北，实为陕北人的光荣。看得出来，毛泽东是很看重和推崇陕北人身上这种精神的。而陕北人这种精神就是长期受以红枣文化为组成内容的民族优秀传统文化浸染、涵养而成的民族精神中的精华部分，正是抗日战争所需要的一种民族精神，毛泽东就甚为喜欢，毫不犹豫地接纳了。从时间上说尽管是后来说的，但也体现了他红军长征刚抵达陕北时的认识。天择杂谈在《“贾宝玉”的一席话，使毛主席决定在陕北建立根据地》一文中详细说明了毛泽东等中共领导人选择陕北根据地的过程。1935年，红军长征到达甘肃哈达铺，毛泽东看到了《晋阳日报》上阎锡山“陕北有刘志丹赤匪”的讲话，当即吩咐找曾在中共陕西省委工作、被称为党内“贾宝玉”“陕北才子”的贾拓夫了解刘志丹和陕北根据地的情况。贾拓夫告诉毛泽东说：“陕北、陇东一带属黄土高原，一向有反抗和斗争的传统，群众基础好，是个闹革命的好地方……明末的农民起义领袖李自成就是陕北人。”熟知历史的毛泽东看出了陕北的价值，认为是建立根据地的好地方，于是后来开会时就形成了在陕北落脚的共识。（今日头条，2019年7月17日）以上两段史实说的是两个时期毛泽东的认识态度，后次还是借贾拓夫口说的，但前后所表达出的思想认识是一致的，都认为陕北人富有反抗传统，民族优秀反抗传统在陕北人身上有集中体现。这实际上也和是毛泽东早前在《湖南农民运动考察报告》中提出的农民运动是“糟的很”还是“好的很”的认识基础是一致的，是关于农民运动是“糟的很”还是“好的很”的“陕西版”回答。前后呼应，脉络一致，

集中响亮地回答了选择陕北延安为抗日根据地的具体原因。这点也和鲁迅在“医人”和“医病”的职业选择上毅然选择“医人”的认识是一致的，有异曲同工之妙！正所谓，英雄所见略同！举起抗日大旗，反抗外来侵略表象上是军事斗争，实际上也是文化接续、文明复兴、精神重拾。也正是这一不同寻常的选择，鲁迅的“没有丝毫的奴颜和媚骨”的优秀国民性渗入到中华民族每个人身上，形成了宁死不屈、誓死抵抗、不怕牺牲精神，也形成了空前的民族团结、民族觉醒和民族自觉，最终彻底打败了日本侵略者。中国共产党在革命时优先考虑复兴文化选项，就先别人一步占领了革命制高点和精神高地。路径选对，局面全开，复兴民族文化的同时也拯救了中国，拯救中国的同时也拯救了中国共产党自己。中国共产党由此走向了一条正确的、走向胜利的道路。党员队伍不断壮大的同时，革命事业也蒸蒸日上，新中国由此不断走来。看来道路决定成败，而选择则决定道路！

还有一些说法也能从侧面说明这些原因。作者为霞飞在人民网上发表文章《毛泽东的黄河之行》。该文说：“黄河这条中华民族的母亲河，赋予了中国人民的伟大领袖毛泽东以太多的政治、军事灵感，也吸引着毛泽东关注的目光。”“毛泽东转战陕北时，专门去看过黄河。他面对黄河，若有所思地说：‘自古道黄河有百害而无一利。这种说法是不能站在高处看黄河。站低了，只看见洪水，不见河流。’毛泽东后来还深情地说：‘没有黄河就没有我们这个民族啊！不谈五千年，只论现在，没有黄河天险，恐怕我们在延安待不下去。抗日战争中，黄河替我们挡住了日本帝国主义。即使有害，只这一条，也该减轻罪过。将来全国解放了，我们还要利用黄河水浇地、发电，为人民造福！那时，对黄河的评价更有改变了！’”网名为“柳州反邪”的作者在今日头条撰文《揭毛泽东心中的敬畏之河：可以藐视一切，不能藐视它》说：“毛泽东对孕育中华文明、诞生中国文化的母亲河——黄河有一种特殊的深挚情感。”该作者用具体事例来说明这种特殊情感：毛泽东巅峰之作《沁园春·雪》描绘的就是气势磅礴的黄河雪景。毛泽东一生两次渡过黄河。其一是红军长征到达陕北后于1936年东渡黄河到山西进行红军东征。其时“正是黄河凌汛期，河面上漂浮着许多磨盘大的冰块，不时发出相互冲撞的破裂声响，毛泽东就在船上，望着船工头上包着白羊肚毛巾，赤膊袒胸喊着悠远浑厚的号子，无比感慨，从眼前的景象看到了中华民族的民族精神，于是有了‘想游过黄河’的冲动，并说，‘我们可以藐视一切，但是不能藐视黄河。藐视黄河就是藐视我们的这个民族……’。与此同时，他形成了骑马考察黄河的想法，并将这一想法告诉了美国记者斯诺。这就是毛泽东关于黄河的两大心愿。后来随着形势的变化，他试图了却这两大心愿。1959年，毛泽东到山东泺口视察黄河，对当时山东省委书记说，‘全国大江大河我都游过了，就是还没游过黄河’，还意味深长地说：‘人说不到黄河心不死，我是到了黄河也不死心呢。’表达了急切畅游黄河之心情。1960年，毛泽东便着手准备骑马考察黄河了。1961年8月在庐山，毛泽东对身边的卫士说，‘我有三大志愿，其中之一骑马考察黄河’。1963年，毛泽东告诉汪东兴，他要去黄河源头开始考察黄河。汪东兴便挑选骑兵警卫做准备工作。1964年7月下旬，毛泽东到北戴河避暑，专门练习骑马就是为骑马考察黄河做准备。但国际形势发生变化，最终骑马视察黄河没有成行。1972年，毛泽东大病初愈，又萌发考察

黄河念头。他说，‘看来，我去黄河还是有希望的’，但最终还是未能成行。”分析原因除去客观因素外，我想与毛泽东对黄河怀有特殊情结有关。黄河气吞山河、气势磅礴力量是民族精神的具体展现，使他永远心怀敬畏之心，永远心怀崇敬之情。说明毛泽东对文化、文明起关键作用的角色如黄河、红枣等所持有的尊重态度。

值得强调的是中国共产党从文化角度思考问题成为决策传统，一直影响到后来抗美援朝的决策中。抗日战争和抗美援朝两次大的决策背景有很多相似之处，都处在力量悬殊、内部元气大伤、力量十分弱小的情况下。所不同的是两个时期民族的精神状态不一样。所以，抗日战争时中国共产党决策的角度就是进行思想启蒙、文化复兴，寻找民族优秀文化传统养分，寻找恢复反抗侵略、不屈不挠、抵御外侮的民族精神。经过半个世纪的文化复兴、战火洗礼、斗争考验，人民思想觉醒、行动自觉，民族精神状态达到一个新的高度，中华民族像变了一个人，有了十足的底气进行反抗侵略、保家卫国斗争。抗美援朝正是在抗日战争文化复兴基础上决策的军事斗争，也是中国人民刚刚得到解放、百废待兴，国家还处在十分困难时仍毅然发兵朝鲜远征联合国军（戴旭语）的一个充足理由！

延安建造了个知青纪念馆，里面陈列了知青习近平、王岐山等人插队时工作、生活经历实物，并写了习近平的一段话。这段话的关键词，一是他在延安获得了无穷能量；二是他永远是黄土地的儿子。这和他说的“陕西是根，延安是魂”是同一个意思，他在吸吮了黄河母亲晋陕峡谷红枣养分基础上生成了一股洪荒力量。这种获得感是强大的、永远的、不竭的。与此相同，习近平总书记2019年9月18日在郑州召开的黄河流域生态保护和高质量发展座谈会上发表了讲话："黄河孕育了中华文明，以百折不挠的磅礴气势，塑造了中华民族自强不息的民族品格，是中华民族坚定文化自信的重要根基。"

以红枣文化为构成材料的民族优秀传统文化和民族精神，经历五千年锤炼和淬炼，发展到新时代，仍熠熠生辉，说明新时代下仍需要和弘扬民族精神。2019年国庆前夕，中国女排在日本大阪举行的世界杯赛上，取得11连胜的骄人战绩，卫冕成功，第十次获得世界冠军，也因此得到国家领导人接见和邀请参加国庆大游行。全国人民精神振奋之余也在思考一个问题，为什么一支体育队伍能引起国人如此大关注和共鸣？能引起国家领导人如此重视？分析原因，就是中国女排身上淋漓尽致地体现了民族精神，中国女排发展史完美诠释了什么是民族精神。中国女排顽强拼搏、永不服输、永不言弃精神和中华民族精神高度契合。东方卫视在《中国精神：女排精神》视频栏目中说："中国女排之所以能打动人，并不在于她赢球，而是遭遇低谷时仍能咬紧牙关、拼尽全力、再创辉煌。"评论说中国女排在新老交替处在低谷时，没有颓丧，永不言败，永不言弃，有坚韧不拔的信念和意志，有不懈追求的坚守和执着，有为国争光、为民族争气的动力和勇气。正像女排队员赵蕊蕊所说："你可以战胜我，但绝不能打败我。"郎平说："女排精神不是赢得冠军，而是有时候明明知道不会赢，也竭尽全力，是一路走得摇摇晃晃，但依然站起来抖抖身上的尘土眼中充满坚定"，"积累多了，就是经验，经验多了，就是应变，应变多了，就是智慧"。正是由于这种超越体育层面的精神，激发了全国人民投身改革开放和现代化建设事业的热情。为此，早在改革开放初期，《人民日报》就发文感慨："用中

国女排的这种精神搞现代化建设，何愁实现不了四个现代化！”评论最后说：“面对全面深化改革的挑战，经济转型全面升级的阵痛，脱贫攻坚的硬仗，需要女排精神。女排精神永远是中国人民实现中华民族伟大复兴中国梦最强有力的支撑！”我想这就是共鸣和受重视的原因。

本书截稿时，适逢中国大地发生新冠疫情公共卫生事件。病毒来势之猛、行踪之秘、传播之快、杀伤力之惊人，前所未闻，世所罕见。这既是对中国共产党治国理政能力的一次严峻考验，也是对五千年中华文明的一次巨大检验。处理稍有不慎，对个人生命、民族前途、文明复兴都可能带来巨大伤害。令人欣慰的是，经过近两个月的全民同心、上下同劲、牺牲奉献、群防群控，中华民族打赢了这场没有硝烟的战争。回过头来总结取胜之道，民族精神的迸发又成了人们普遍归结的原因。人们感慨于“宅家”的非凡、惊讶于“逆行”的举动、感动于“守岗”的相助、敬佩于组织协调动员的有方。这些看似平凡人在平凡岗位上做的一些平凡事情，实则是不平凡人的非凡举动，本质上是民族精神的集中迸发，是共产党治国理政能力的集中展示。天佑中华，我们打胜了一场没有硝烟的伟大的人民战争！一如历史上每当中华民族处在关键时刻总有关键组织、关键人物出现、引领中华民族渡过一次次危机一样。这次中国共产党领导全国各族人民胜利地渡过了艰难时刻，中华民族迈着铿锵有力步伐、沿着固有航向，又昂首阔步行进在复兴的征途上……

有红枣元素的中华文明也越来越被世人所认识并看好。著有《当今统治世界：中国崛起与西方世界的衰落》一书作者、英国著名教授马丁·雅克在《了解中国崛起》的一次演讲中说：“纵观世界发

展历史，西方也产生过很多大帝国。但这些帝国基本上昙花一现，衰弱后灰飞烟灭，后世很难再崛起，后世不再有。与西方不同，古代东方几千年，出现了很多大帝国，也就是说中国古代衰弱后，会不断地重新崛起和复兴。世界范围内可谓独树一帜。”他总结说：“中国从来不是一个民族国家，中国的身份认同不是民族身份，而是文明身份认同。中国是一种文明，文明没有断层，只不过是一个摔倒再站起来的动作而已。近代一百多年衰弱，到现在又重新复兴，所以中国的发展和崛起是必然的！”

习近平总书记在十九大报告中说：“站在960万平方公里广阔的土地上，吸吮着五千年中华民族漫长奋斗积累的文化养分，拥有13亿中国人民聚合磅礴之力，我们走中国特色社会主义道路，具有无比广阔的时代舞台，具有无比深厚的历史底蕴，具有无比强大的前进动力。”“中华民族生生不息绵延发展，饱受挫折又不断浴火重

用红枣制作的党旗（河南好想你集团）

生，都离不开中华文化的有力支撑。中华文化独一无二的理念、智慧、气度、神韵，增添了中国人民和中华民族内心深处的自信和自豪。”“历史和现实都表明，一个抛弃了或者背叛了自己历史文化的民族，不仅不可能发展起来，而且很可能上演一幕幕历史悲剧。”在梳理和肯定文化功能基础上提出了要求，殷殷之情，切中肯綮，振聋发聩！那么，作为文化、文明的源头组成部分的红枣文化更应得到尊重和弘扬。敬畏民族文化，敬畏五千年文明就是敬畏红枣、敬畏红枣文化。让红枣抽象出来渗透到民族血液中、深入到民族骨髓中，让被打上红枣鲜红烙印形成的中华民族精神不断发扬光大是中华民族走向全面复兴圆满实现中国梦的必由之路！

下编
红枣及加工

第六章 红枣品种及成分

红枣是由酸枣演变而来，酸枣是一个庞大的植物群体。经过长时间演变，被人类驯化、培育，逐渐发展成现在的1000余种红枣品种。

第一节 品种成分

《尔雅·释木》是我国第一部记载解释红枣品种的辞书。据其记录周代红枣品种主要有壶枣、白枣、酸枣、齐枣、填枣、普枣、无

红枣部分品种图

核枣等十几种；晋代郭义恭《广志》记载红枣21个品种；北魏贾思勰《齐民要术》中收录红枣45个品种；元代《打枣谱》记录红枣73个品种；清代乾隆时《植物实名图考》记录红枣87个品种。1993年出版的《中国果树志·枣》一书记录红枣品种多达749种；刘孟军2019年出版的《中国枣树种植资源》一书说，迄今已经发现和记载的枣树品种和优良类型近1000余种。

晋陕峡谷吕梁枣区品种主要是：以柳林、临县为中心的母枣区，包括石楼、中阳、离石、临县、柳林；以保德为中心的油枣区，包括吕梁兴县等。吕梁枣树主要分布在沿黄河晋陕峡谷一线，全市有红枣160万亩。正常年景交易产量3亿斤，约占全国交易的13.4%，占山西全省交易的67%。此外，吕梁交城还有骏枣，属优良品种。吕梁枣区品种还有伢枣、软核（没骨）枣、瓮枣、虎枣、大蜜枣、“雨乐一号”、大白枣、赞临大枣等几十个品种，同时还引进不少外来品种，主要有梨枣、骏枣、赞新大枣等。

一方水土生成一方灵气，一方灵气滋润一方物种。黄土高原黄河流域地理环境孕育了红枣，形成了红枣有别于其他果类的习性、特点和构成成分，也形成了黄土高原黄河流域红枣有别于其他区域的独特特点。红枣树耐旱。民间一直有“天旱圪针（红枣）收”说法，所以红枣适宜在有“十年九旱”之称的黄土高原黄河流域种植。红枣含有丰富的食用和药物成分，是重要的药食同源植物品种。现代营养学证实，红枣的含热量几乎与米面相近，可代替粮食，所以也被称为“铁杆庄稼”“木本粮食”。红枣含有大量的药用成分，有极高的营养价值和保健作用。据鉴定，红枣含有丰富的维生素 A、维生素 C、维生素 B_1、维生素 B_2、维生素 P 等10余种。红枣中的维生素P含量是所有果蔬之冠，含量是柠檬的十几倍。鲜红枣维生素C的含量较柑橘高7—10倍，是苹果的75倍左右，所以红枣有“天然维生素丸”称号。红枣含有有益于人体健康的谷氨酸、拉氨酸、精氨酸等14种氨基酸，苹果酸、酒后酸等6种有机酸，黄酮类化合物及磷、钾、镁、钙、铁等36种微量元素。各种化合物成分有光千金藤碱（stepharine），N-去甲基荷叶碱（N-nornuciferine），巴婆碱（asmilobine），白桦脂酮酸（betulonic acid），齐墩果酸（oleanoic acid），马斯里酸（maslinic acid），苹果酸（malic acid），酸枣仁皂甙A、B、B_1，蚓哚乙酸（indole acetic acid）等。

鲜红枣

红枣中还含有一种特殊成分就是环磷酸腺苷（CAMP）。环磷酸腺苷（CAMP）是1971年由诺贝尔生理学或医学奖获得者萨瑟兰发现并命名为“人体第二信使”的一种特殊物质。1979年、1984年两位日本科学家发现原产中国红枣中有环磷酸腺苷，而且含量大，是一般动植物含量的数万倍。河北农大教授、中国枣研究中心主任刘孟军研究结果表明，红枣和酸枣果肉中含有的环磷酸腺苷比其它14种园艺植物高很多，枣果中以晋陕峡谷东岸的山西省临县母枣为最

高，居枣果之首。（如图）

几种干枣与其他水果环磷酸腺苷含量 [nmoL/(g.fw)] 的比较

品种	赞皇大枣	金丝小枣	母枣	婆枣	灰枣	苹果	梨	桃	李
含量	8.25 ±	20.38 ±	302.5	41.00	115	0.34 ±	0.015	< 0.015	.115

需要说明的是黄土高原黄河流域一带地理位置正处在北纬37°一线。北纬37°是世界90%古文明的发源地，是70%的古建筑遗迹地，是绝大部分特异神奇的自然现象发生地，也是烟叶、大豆等著名农作物的生长地，因而被史学家、地理学家称为“神奇的纬度”。这一神奇纬度给黄土高原黄河流域出产的红枣物种又披上了一层神秘面纱。

第二节　功能特点

红枣长年累月集天地灵气、吸日月精华，又在极端环境下生长，就形成了独特功能价值。红枣与世界上其他水果相比，功能多元、药性充分，在营养保健、治疗疾病等方面具有无可比拟的优势。

中医认为，红枣性平味甘，无毒，能补中益气，养胃健脾，润心肺，生津液，悦颜色，通九窍，助十二经，解药毒，调和百药。红枣最能滋养血脉，素被民间视为补气佳品，可医治面容枯槁、肌肉失润、气血不正等症。红枣也能防治和调理贫血、紫癜、妇女更年期情绪烦躁。中国最早的医学典籍《黄帝内经》一书说：“肝色青，宜食甘，枣……皆甘。……甘缓”，又说“毒药攻邪，五谷为养，五果为助……”将枣的特性和功能做了说明。汉代成书的《神农本草经》是我国最早的药物学著作。该书说“酸枣仁，味酸平，主心腹寒热，邪结气聚，四肢酸疼湿痹，久服安五脏，轻身延年。”书中还将药物按效用分为上、中、下三品，并将酸枣列为上品。其后，中药中将针对某种疾病起主要作用、不可或缺的核心药物称为“君药”并沿用至今。东汉医学家张仲景的《伤寒杂病论》《金匮要略》两书是当代中医临床的重要依据。两书共提供药方112方，其中用红枣的药方有58方，特别是“十枣汤”方对疑难杂症、胸水腹水疗效显著，该药方把红枣当作君药。清代邹澍在《本经疏证》一书中详细说明了这些药方。“《伤寒论》《金匮要略》两书，用枣者五十八方，其不与姜同用者，十一方而已，大率姜与枣联，为和营卫之主剂，姜以主卫，枣以主营，故四十七方中其受桂枝汤节制者二十四，受小柴胡汤节制者六，不受桂、柴节制者十七，此盖二焉，皆有涉于营卫。一者营卫之气为邪阻于外，欲开而出之，又恐其散之猛也，则麻黄剂中加用之以防其太过；一者营卫之气为邪阻于内，欲补而达之，又恐其补之壅也，则人参剂中加用之，以助其不及。防之于外者，欲其力匀称，故分数仍桂枝、柴胡之法；助之于内者，欲其和里之力优，而后外达能锐，敢枣重于姜，此实用姜枣之权舆，枣之功能，尤于是足见者也，”对枣和药方都进行了说明。北宋唐慎微《证类本草》说：“红枣，一名干枣、一名美枣、一名良枣。八月采，曝干。味干，平，无毒。主心腹邪气，安中养脾，助十二经，平胃气，通九窍，补少气，少津液，身中不足，大惊，四肢重，和百药，补中益气，强力，除烦闷，疗心下悬。久服轻身长年，不饥神仙。”金代张元素《珍珠囊》认为大枣“温以补脾经不足，甘以缓阴血，和阴阳，调营卫，生津液”。明代李时珍在《本草纲目》中写道：“大

枣气味甘平，安中，养脾气，平胃气，通九窍，助十二经络，补少气，主攻少津液，声中不足，大惊，四肢重，可和百药，久服轻身延年。”清代黄元御《长沙药解》书以药名药性为纲，以某方用药为目，详细解释了大枣。“大枣，补太阴之精，化阳明之气，生津润肺而除燥，养血滋肝而熄风，疗脾胃衰损，调经脉虚芤。其味浓而质厚，则长于补血，而短于补气。人参之补土，补气以生血也；大枣之补土，补血以化气也，是以偏补脾精而养肝血。凡内伤肝脾之病，土虚木燥，风动血耗者，非此不可。而尤宜于外感发表之际，盖汗血一也，桂枝汤开经络而泄荣郁，不以大枣补其荣阴，则汗出血亡，外感去而内伤来矣。故仲景于中风桂枝诸方皆用之，补泻并行之法也。十枣汤、葶苈大枣数方悉是此意。惟伤寒荣闭卫郁，义在泄卫，不在泄荣，故麻黄汤不用也。”现代医学表明，红枣中的三萜类化合物，如山楂酸，具有抗疲劳作用，能增加人的耐力；红枣中的芦丁，可软化血管，使血压降低，防止高血压；红枣中的钙和铁，防骨质疏松和贫血。红枣抗过敏、除腥臭怪味、宁心安神、益智健脑、增强食欲、防衰老；红枣可使体内的多余胆固醇转化为胆汁酸，有效防止胆结石。红枣中还含有环磷酸腺苷。环磷酸腺苷是细胞内参与调节代谢的重要物质，具有抗氧化、抗癌等效果，有扩张血管作用，可改善心肌营养状况，增强心肌收缩力，有利于心脏的正常活动，因而被医学界称为生命信息传递的“第二信使”。美国《食品与功能》杂志发表文章称，中国的红枣（Jujube fruits or red dates）在实验中有杀死癌细胞的作用。红枣抗癌原理是引起肿瘤“内部压力”而让癌细胞死亡或者让肿瘤细胞暴露于红枣中引发癌细胞自杀。如果将肺、乳腺和前列腺癌细胞暴露在红枣果实的八种化合物中，四

种红枣化合物能降低这些细胞的存活率，三种红枣化合物能引发癌细胞自杀。红枣因药用价值极高，成为国家首次公布认证的药食两用产品之一。

这里需要说明的是，红枣因产地不同，功能也有所差异。南北朝时，著名医学家、丹阳秣陵（今属南京）人陶弘景著有《本草经注》。该书说："世传河东（今指山西）猗氏县（今运城、临汾一带）枣特异。""枣史出河东（同上）平泽，今近北州郡及江南皆有，唯青州、晋州（治所在白马城，即临汾城，辖临汾、霍州、吕梁等）所生者，肥大甘美……烘曝则黑，入药为良。"他在总结以前各朝代植物、医药学家对红枣的论述后说："大枣先青州，次晋州，皆可曝晒入药，益脾胃。余者止可充食用耳。"李时珍在《本草纲目》中说："枣木赤心有刺。……惟青、晋所出者肥大甘美，入药为良。"从古人的这些论述可知，原产于黄河晋陕峡谷东岸红枣药用价值相对是比较高的。

正因如此多功效，红枣有"一日食三枣，健康不显老"之说和"百果之王""人参果"等不同称谓。红枣的功能价值也得到外国人认可。在外国人眼中，红枣是上帝赋予中国人的"圣果"。

综合上面历代医药学家认识，红枣的药物功能价值可以概为三个方面：补益、解毒、和百药。

1. 补益

大枣的主要作用是补益正气。《日华子本草》说大枣"补五藏"。《神农本草经》说大枣有"主心腹邪气""通九窍"，实际上是说大枣通过补助正气，能达到祛除邪气、通利九窍的效果，而不是说大枣有直接的驱邪作用。《本草经疏》说：大枣"甘能补中，温能益气，甘温能补脾胃而生津液，则十二经脉自通，九窍利，四肢和也”。《本草崇原》说：大枣“生青熟黄，熟极则赤，烘曝则黑，禀土气之专精，具五行之色性。……久服则五脏调和，血气充足，故轻身延年”。

如果将红枣补益作用细分，则包括补心、补肺、补脾胃、补气、补阴血津液等。

（1）补心：包括补血脉之心与神明之心。《伤寒论》炙甘草汤、桂枝去芍药汤、桂枝去芍药加附子汤、桂枝去芍药加蜀漆牡蛎龙骨救逆汤、茯苓桂枝甘草大枣汤、小建中汤、柴胡加龙骨牡蛎汤，《金匮要略》甘草小麦大枣汤等方剂都说明红枣有补心作用。《本经》言，主“大惊”，后世医家云大枣有“强志”作用，是大枣补心作用的另外一种表述。许叔微《本事方》记述一妇脏躁，悲泣不止，祈祷备至。许学士忆古人治此证用大枣汤，遂治与服，尽剂而愈。陈自明《妇人良方大全》记述程氏妊娠四五个月，昼则惨戚悲伤，泪下数次，如有所凭，医巫兼治皆无益。与大枣汤治之，一投而愈。

（2）补脾胃：《伤寒论》小建中汤、甘草泻心汤类方，茯苓桂枝甘草大枣汤、十枣汤等方剂都说明红枣有补脾胃作用。《本草崇原》：“大枣气味甘平，脾之果也。”《本草求真》谓大枣“为补脾胃要药”。脾胃为后天之本，气血生化之源，所以补脾胃就能间接达到补益五脏的效果。

（3）补肺：大枣补肺作用反映在《伤寒论》小青龙汤、桂枝加厚朴杏子汤等方剂中。《日华子本草》云大枣“润心肺，止嗽”。

（4）补气：主要是补心、肺、脾胃之气。《本经》言大枣“补少气”。少气既可以指病变、正气虚少，也可以指气不足、“少气”

症状。

（5）补阴血津液：红枣补阴血、津液作用反映在《伤寒论》桂枝汤、桂枝新加汤、炙甘草汤等方剂中。桂枝汤大枣与芍药，桂枝新加汤人参、芍药等发挥着补益营阴的作用。

2. 解毒

解毒药的解毒机理主要有两个方面：一是消除或降低有毒物质的毒性，二是保护正气不受毒性的损害。红枣与甘草解毒都有这两方面机理，但甘草以消除或降低有毒物质的毒性为主，而大枣以保护正气为主。一般来讲，红枣的解毒作用强度不及甘草。十枣汤中的大枣，既有保护胃气，保护正气的作用，也有甘遂、芫花、大戟的作用。柯琴在《伤寒来苏集》说：“然邪之所凑，其气已虚，而毒药攻邪，脾胃必弱……故选枣之大肥者为君……此仲景立法之尽善也。”(王晨等校注，中国医药出版社2008年版)。《医宗金鉴》也认为：“然此药最毒，参术所不能君，甘草又与之相反，故选十枣之大而肥者以君之，一以顾其脾胃，一以缓其峻毒。”(吴谦等编，山西科学技术出版社2011年版)等对红枣解毒作用表示认同。《金匮要略》葶苈大枣泻肺汤中的大枣，其作用也是如此。

3. 和百药

《本经》谓大枣“和百药”。后世有人称大枣“通九窍略亚菖蒲，和百药不让甘草”。所谓“和”，是使多种药物的性味和合的意思，与烹饪学上说的“五味调和”的“和”意思相近。“和”使患者服药后不会出现消化道反应，同时口感上使药物味道和合。半夏泻心汤、黄连汤等方中芩、连苦寒，不利于口，有大枣、甘草和之，其味即能调和。如果不用大枣、甘草，药汤的味道即苦涩辛辣，难以入口。

综合以上，红枣的药用功能体现为以下几种：

1. 健胃养脾。用于脾胃虚寒、中气不足的倦息乏力、食少便秘。

2. 补中益气。食疗药膳可补养身体，滋润气血。

3. 治咳润肺干咳无痰。

4. 生津润喉治感冒。

5. 镇静安眠。红枣中的黄酮双葡萄糖苷 A 成分，有镇静、催眠和降压作用。这种成分中被分离出的柚配质 –C– 糖苷类有抑制中枢作用。枣仁安神可治戒酒后失眠、喝酒成瘾者，且不具药物依赖性。枣仁、玄胡可调节大脑神经系统，益气、养心、滋阴，能从根本上恢复大脑功能，还具有抗惊厥、镇静作用。能使患者入睡加快，睡眠加深，睡眠时间延长。

6. 治疗慢性神经病。红枣可舒肝解郁，用于妇女哭泣不安、忧郁病。对妇女更年期潮热出汗、情绪不稳有控制和调补作用。

7. 缓解药毒。红枣甘温，与峻烈药物配可缓和毒性，降低副作用。

8. 增强免疫力。红枣中的营养素，能够增强人体免疫功能，对于防癌抗癌和维持人体脏腑功能都有一定效果。

9. 增强肌力。用小鼠做试验，每日灌服红枣煎剂。灌服3周后，体重明显增加。然后再让小鼠游泳，游泳时间明显延长，证明有增强肌力作用。

10. 调血补血。既能治疗高血压，又能治疗贫血、败血症、气血虚弱等引起的面色萎黄。

11. 降低胆固醇、防胆结石。鲜枣中含有丰富维生素 C，可使体内多余胆固醇转化为胆汁酸。此外，已患胆结石的病人，常食鲜枣对缓解病情有益，进行胆结石手术者，常食鲜可预防或减少复发。

12. 抗突变抗肿瘤。试验表明红枣对N–甲基N–亚硝基胍(NG)诱发大鼠胃腺癌有一定的抑制作用。试验给两组大鼠饲养含有NG的食物，其中一组加红枣，另一组不加红枣。10个月后检查肿瘤的发生率，不加红枣组为71.4%，加红枣组为38.4%。

13. 防治心血管病、降血脂、缓和动脉硬化。红枣中含有丰富的维生素C和维生素P，对健全毛细血管、维持血管壁的弹性、抗动脉粥样硬化具有很好的作用，红枣中含有环磷酸腺苷，能扩张血管，增加心肌收缩力，改善心肌营养，可防治心血管疾病。

14. 抗过敏。抗过敏试验表明，其主要活性成分为乙基a—果糖苷，而这种化合物主要在乙醇提取过程中由红枣所含的大量与果糖共存的有机酸媒介作用下生成。

15. 解毒保肝。红枣中含有丰富维生素C以及环磷酸腺苷等，能减轻各化学药物对肝脏的损伤，并促进蛋白合成、增加血清总蛋白含量的作用。在临床上，红枣可用于慢性肝炎和早期肝硬化的辅助治疗。

16. 养血美颜。由于红枣中含有丰富的维生素和铁等矿物质，能促进造血，使肤色红润。加之红枣中维生素C、维生素P和环磷酸腺苷能促进皮肤细胞代谢，防止色素沉积，使皮肤白皙细腻，达到护肤美颜效果。

17. 抗变态反应。红枣在乙醇提取过程中产生乙基–D–呋喃葡萄糖苷衍生物乙基–2–D–呋喃果糖苷活性成分，对5–羟色胺和组胺有拮抗作用，也有抗变态反应作用。

正因如此多功效，历代医药学家开出了不少药方，现摘录如下：

红枣主要药方

药方名称	药方出处	功效	用料及用法
枣半汤	《沈氏尊生书》	酸枣100克研细煮烂，加入地黄汁，重煮	用于产后气虚、月经不调、气血虚损等
枣变百样丸	《证治准绳》	红枣10枚，红牙大戈，加水煮至干成丸	治斑疹、疸疮黑陷、大便秘结等
益脾饼	《医学衷中参西录》	白术200克，干姜100克，鸡内金100克，热枣肉250克，细磨混合	脾胃湿寒，饮食减少，长作泄泻，完谷不化
枣参丸	《醒园录》	炙干	补气健脾养血
补益红枣粥	《圣济总录》	大南枣10枚，人参1钱，蒸枣去核，二者捣烂混合，蒸烂备用	主治中风惊恐虚悸，四肢沉重
红枣汤	《千金方》	红枣7枚，清梁粟米二合，蒸煮食	治虚劳烦不得眠
枣葱汤	《千金方》	红枣20枚，葱白7茎，以水3升，煮1升	治关节疼痛
枣仁汤	《沈氏尊生书》	红枣15枚，附子1枚，甘草33厘米，黄芪200克，生姜100克，麻黄250克，切碎清水7升煮至1升，每日3次	治虚弱
枣肉灵砂丸	《证治准绳》	酸枣仁、黄氏、茯苓、远志、莲子 各6克，清水煎服	治虚弱失眠，梦中惊吼，自汗心悸
必效丹	《张涣方》	酸枣仁肉5克，灵砂10克，人参2.5克，研为细末成丸。如绿豆大，每日7丸	治血痢疾
二灰散	《三因方》	川黄连（去须）100克，红枣5克，干姜50克，白矾25克。用瓦器盛，盐泥固济，留一窍，以木炭火烧，熄火面糊和丸	主治肺疽吐血妄行
单方	《上海中医药》	红枣、百药各等分，二者干制后为细末，每服10克，米汤调下	治非血小板减少性紫癜
甘麦红枣汤	《金匮要略》	红枣10枚，甘草150克，小麦1升，水6升煮至3升，温分3服	主治妇女脏躁，喜悲伤
三消饮	《瘟疫论》	达原饮基础上大黄、姜活、葛根、柴胡、生姜、大枣	治瘟疫

因红枣是又“药食同源”食品，在重视食疗的中国传统社会中，衍生出不少“药膳食谱”，现摘录如下：

红枣主要药膳食谱

食谱	配料	制作及服用方法	功效或适应症
枣膳	红枣	生吃或15—20枚水煎，每日3次	治过敏性紫癜
红枣汤Ⅰ	红枣15枚	洗净后加水浓煎成1碗，吃枣喝汤	补脾胃、益气血
红枣汤Ⅱ	红枣250克，红糖适量	枣浸泡2小时后沥干，加适量清水煮至熟软，加红糖调配	抗衰老，主治气血不足、心悸、肝炎等
红枣红糖汤	红枣250克，红糖60克	加水煎，每日分3次食，食枣饮汤，15天为一疗程	治痔疮
红枣汤	红枣20枚	水煎汤服食，每日1次，连服数日	治月经过多
蜜汁红枣	红枣250克，大油，鸡蛋1个	红枣去核温水泡软，打碎与配料搅匀，油炸至橘黄色，捞出匀撒白糖	主治肺虚咳嗽、体倦乏力
碧桃红枣饮	碧桃干、红枣各30克	将碧桃干炒至外表开始变焦，立即加水，再加红枣同煮，睡前服用	具有健脾益气，适宜于佝偻病、多汗等症
红枣乌梅汤	红枣、乌梅各10枚，冰糖	共煎汤，分2—3次服用	可治疗阴虚盗汗之症
红枣荔枝汤	红枣30克，荔枝15克	各洗净后加水适量，文火煮至红枣熟烂，吃荔枝、红枣饮汤，空腹服	养血安神，适宜于气血虚亏、食欲不振
枣泥果冻	红枣200克，橘汁50克，食用明胶1勺，白糖适量	枣洗净，用水煮至熟软，去皮、核制成枣泥，将明胶用水溶解，逐渐加入红枣汁、白糖，待溶液变稠，加入枣泥、橘汁搅匀，倒盘，冷藏	健脾和胃，益气生津，消暑止渴
粟子红枣粥	粟子12个，红枣15个，茯苓12克，糯米50克，白糖	粟子切口，水煮、去皮、切块，红枣洗净，茯苓研成细末，糯米洗净，用清水浸泡2小时，所有原料一并入锅煮制成粥，加白糖调味	健脾益肾，养胃强骨

续表

食谱	配料	制作及服用方法	功效或适应症
红枣香蕉汤	红枣15克，香蕉400克	用水煎服，每日3次	对治高血压有辅助调理的作用
红枣养血茶	红枣10枚，茶叶5克，白糖10克	将红枣洗净，加水适量与白糖共煎至红枣熟烂，再将茶叶用沸水冲泡5分钟，取茶汁加入枣汤中，调匀服	补精养血，适宜于阴血亏虚所致的身体虚弱、面色萎黄等
扁豆炖红枣	扁豆16克，红枣20枚	两料洗净后入砂锅，加冰糖50克，加适量水，用小火炖2小时，日服用2次	治血小板减少性紫癜
红枣糯米粥	糯米50克，红枣15枚	共煮粥，用白糖调味，常服	用于滋阴补肾，养血健脾
人参红枣粥	人参3克，红枣10枚，粳米100克，冰糖	将红枣、粳米洗净入锅，加入人参粉和水适量，先用武火煮沸，再用文火煮至粥状，加白糖搅匀备用	益气补中，健脾养胃，胃口不开，短气乏力，补中益气，润肺止咳
红枣百合汤	红枣10枚，百合60克，冰糖适量	将红枣洗净，去核，百合洗净、撕散鳞片，共入砂锅煮烂，加适量冰糖调匀，饮汤，食枣与百合	健脾养胃，主治慢性咳嗽等
花生红枣粥	花生仁50克，白糖适量，红枣50克，糯米100克	将花生浸泡过夜，红枣浸泡后去除枣核，糯米淘洗干净，共煮至粥状，调入白糖即可食用	养血补血，补虚止血，适用于脾胃虚弱、血虚贫

（参见陕西师范大学梁鸿:《中国红枣及红枣产业发展现状、存在问题及对策研究》）

除此外，枣叶用特殊工艺炮制而成的枣芽茶也具有特殊功能。根据山西阳府井实业集团提供，中国饮料茶叶研究所化验枣芽茶得出的结果如下：

枣芽茶功效

序号	枣芽茶成分	功能	药性药理
1	茶多酚（由茶单宁、黄酮醇类 / 花黄素、黄青素、酚酸组成）	醒酒 助消化	70%—80% 为儿茶素 / 茶单宁，是茶叶的特有成分。 1. 单宁酸能解除急性酒精中毒 2. 儿茶素帮助消化、保护脾胃 3. 黄酮醇类催眠
2	生物碱（由咖啡碱、茶碱组成）	醒酒 消化	1. 咖啡碱对醉酒后呼吸抑制及昏睡现象有疗效、可引起神经系统兴奋。 2. 咖啡碱提神、助消化
3	碳水化合物（包括糖类 / 多糖类、双葡萄糖苷 A）	催眠	糖类有催眠作用
4	氨基酸(包含茶氨酸、游离氨基酸、抗坏血酸维 C）	消化 催眠	1. 氨基酸帮助体内蛋白质的消化吸收 2. 茶氨酸有香气，具有抗肿瘤、降血压、提高记忆力、安神镇定、放松、抗疲劳等作用，还可作为大脑功能促进剂的有效成分。
5	蛋白质	消化	3. 消化酶是蛋白质合成的。缺乏会造成胃动力不够，消化不良，打嗝。胃溃疡，胃炎；胃酸过多，刺激溃疡面你会感觉到疼，蛋白质唯一具有修复再造细胞的功能。消化壁上有韧带，缺乏蛋白质会松弛，内脏下垂，子宫下垂脏器移位
6	维生素	消化	缺乏维生素会导致消化系统疾病、食欲不振，消化不良，生长迟缓

另据山西中医药大学研究证明：山西阳府井生产的枣芽红茶“东方融速甲”系列产品具有助睡眠、抗动脉粥样硬化、降三高等功效。该茶味甘、性温，可作为人们日常生活中践行“预防为主”理念的稀有饮品，适宜大众群体饮用。

综合上面，红枣在提高人体免疫力、增强肌体抵抗力方面有显著作用。据历史上有过记载：大明崇祯（1633）年间，发生了一场由山西大同爆发、后蔓延到全国很多地区的鼠疫。当时鼠疫情况是“岁馑日甚。天行瘟疫，朝发夕死。至一夜之内，百姓惊逃，城外之空”，可见鼠疫之严重。明朝都城“大疫，人鬼错杂。薄暮人屏不行。”“街坊间小儿为之绝影，有棺、无棺九门计数已二十余万。”就是这样一场大瘟疫，有关史料记载晋陕峡谷两岸百姓幸免于难，原因就是吃食红枣，提高了人体免疫力和抵抗力。明朝瘟疫学家吴又可研究这场鼠疫。他认为:“瘟疫不是六淫之邪侵略，而是因为‘疠气’所致”，用现在话说就是“病毒”所致。“疠气”的传播是经由人的口鼻进入人的体内。他在此基础上写成《瘟疫论》一书。他认为“瘟疫之邪从膜原既可入理，又可出表，故而经常见表里症状，以治疗瘟疫之邪出入表里、表证、里证、半表半里之证兼见者”。为此提出治疗办法就是服用“达原饮”和“三消饮”方剂。其中“三消饮”是由包括大枣在内的中药组成。后人对两方剂评价甚高。刘松峰认为“治瘟疫之仙方”，龚络林称其为“真千古治疫妙剂”。直到2003年非典疫情，该方仍起了很大作用，收到了意想不到的效果，可见红枣在提高人体免疫力，有效防止疫情中所起的作用。

上面在说明红枣的功能价值时，采用了不少医学名词概念，为了方便读者理解，摘录一些予以解释，让读者在比较中理解，从而进一步加深对红枣功能的认识。

【链接】

一般来说，人类维持生命健康需要六大营养要素，即蛋白质、脂肪、维生素、碳水化合物、矿物质、水。“膳食纤维”是特殊的碳水化合物，虽然不能被人体消化道酶分解，但因为有着重要的生理功能，也成为人体不可缺少的物质，被称为人类的“第七大营养素”。

蛋白质：蛋白质是构成人体组织器官的支架和主要物质，在人体生命活动中，起着重要作用，可以说没有蛋白质就没有生命活动的存在。每天的饮食中蛋白质主要存在于瘦肉、蛋类、豆类及鱼类中。成人和儿童中都可能发生蛋白质缺乏，但处于生长阶段的儿童更为敏感。蛋白质的缺乏常见症状是代谢率下降，对疾病抵抗力减退，易患病，远期效果是器官的损害，常见的是儿童的生长发育迟缓、体质量下降、淡漠、易激怒、贫血以及干瘦病或水肿，并因为易感染而继发疾病。蛋白质的缺乏，往往又与能量的缺乏共同存在，即蛋白质——热能营养不良，分为两种：一种指热能摄入基本满足而蛋白质严重不足的营养性疾病，称加西卡病；另一种即为“消瘦”，指蛋白质和热能摄入均严重不足的营养性疾病。但过量摄入蛋白质也不行。如果过量将会因代谢障碍产生蛋白质中毒甚至于死亡。

脂肪：脂肪由脂肪酸和甘油结合而成。脂肪酸分三大类：饱和脂肪酸、单不饱和脂肪酸、多不饱和脂肪酸。脂肪可溶于多数有机溶剂，但不溶解于水。植物油的消化率一般可达到100%。脂肪的作用有以下几种：1.脂肪是智力发育的基础。脑需要8种营养素——蛋白质，脂肪，糖，维生素A、B、C、E和钙，按其重要性排列，脂肪排在第一位，蛋白质只排在第五位。2.视觉的发育离不开脂肪，缺乏必需脂肪酸会使视力发育受影响。3.如果缺乏脂肪，皮肤会变得干燥，容易发生湿疹和伤口不易愈合等。4.缺乏脂肪还会使儿童生长发育迟缓，免疫力低下，容易发生感染性疾病。5.性发育更需要脂肪。研究发现，女婴从诞生之日起，体内就带有控制性别的基因，这种基因在青春发育期来临之前，体内脂肪储量达到一定数量时，才能把遗传密码传递给大脑，从而产生性激素，促使月经初潮和卵巢功能形成。当体内脂肪少于17%

时，月经初潮就不会形成；只有体内脂肪含量超过22%时，才能维持女性正常排卵、月经、受孕以及哺乳功能。因此可以把脂肪看作机体储存脂肪酸的一种形式。6.从营养学的角度看，某些脂肪酸对人体的大脑、免疫系统乃至生殖系统的正常运作十分重要，但它们都是人体自身不能合成的，必须从膳食中摄取。大量摄入多不饱和脂肪酸分子，有助于健康和长寿。一些非常重要的维生素需要从膳食脂肪的帮助中才能吸收，如维生素A、D、E、K等。

维生素：维生素是一系列有机化合物的统称，是生物体所需要、一般又无法自己生产、需要通过饮食等手段获得的微量营养成分。维生素不像糖类、蛋白质及脂肪那样产生能量，组成细胞，但是它们对生物体的新陈代谢起调节作用。适量摄取维生素可保持身体强壮健康；过量摄取维生素会导致中毒。

碳水化合物：碳水化合物是由碳、氢和氧三种元素组成。因比例和水一样为二比一，故称为碳水化合物。它是为人体提供热能的三种主要的营养素中最廉价的营养素。食物中的碳水化合物分成两类：人可以吸收利用的有效碳水化合物如单糖、双糖、多糖和人不能消化的无效碳水化合物，如纤维素，但还是人体必需的物质。糖类化合物是一切生物体维持生命活动所需能量的主要来源。它不仅是营养物质，而且有些还具有特殊的生理活性。例如，肝脏中的肝素有抗凝血作用；血型中的糖与免疫活性有关。此外，核酸的组成成分中也含有糖类化合物——核糖和脱氧核糖。因此，糖类化合物对医学来说，具有更重要的意义。自然界存在最多、具有广谱化学结构和生物功能的有机化合物有单糖、寡糖、淀粉、半纤维素、纤维素、复合多糖，以及糖的衍生物。主要由绿色植物经光合作用而形成，是光合作用的初期产物。从化学结构特征来说，它是含有多羟基的醛类或酮类的化合物或经水解转化成为多羟基醛类或酮类的化合物。例如，葡萄糖，含有一个醛基、六个碳原子，叫己醛糖。果糖则含有一个酮基、六个碳原子，叫己酮糖。它与蛋白质、脂肪同为生物界三大基础物质，为生物的生长、运动、繁殖提供主要能源，是人类生存发展必不可少的重要物质之一。

矿物质：矿物质是地壳中自然存在的化合物或天然元素，又称无机盐，是构成人体组织和维持正常生理功能必需的各种无机物元素的总称，是人体必需的七大营养素之一。矿物质是无法自身产生、合成的，每天矿物质的摄取量也是基本确定的，但随年龄、性别、身体状况、环境、工作状况等因素有所不同。

膳食纤维：是指不能被人体消化道酵素分解的多糖类及木植素。膳食纤维是非淀粉多糖的多种植物物质，主要来自动植物的细胞壁，包括纤维素、木质素、蜡、甲壳质、果胶、β 葡聚糖、菊糖和低聚糖等，通常分为非水溶性膳食纤维和水溶性膳食纤维两大类。1.膳食纤维在消化系统中有吸收水分的作用，增加肠道及胃内的食物体积，可增加饱足感，又能促进肠胃蠕动，可舒解便秘；2.膳食纤维能吸附肠道中的有害物质清洁消化壁，同时可稀释和加速食物中的致癌物质和有毒物质的移除，保护脆弱的消化道和预防结肠癌；3.改善肠道菌群，为益生菌的增殖提供能量和营养，增强消化功能；4.可以预防心血管疾病、癌症、糖尿病以及其他疾病；5.纤维可减缓消化速度和最快速排泄胆固醇，可让血液中的血糖和胆固醇控制在最理想的水平。

除营养要素外，再对一些关键概念进行解释。

常量元素：碳、氢、氧、氮、硫、磷、氯、钙、钾、钠、镁等11种元素是人体及动植物体中含量较多的元素，称为常量元素。标准健康成年人的元素组成为氧65%、碳18%、氢10%、氮3%、钙1.5%、磷1%、钾0.35%、硫0.25%、钠0.15%、氯0.15%、镁0.05%等。这些常量元素约占体重的99.9%。对人类关系最为密切的常量元素有镁、钙、磷等，它们的作用分别如下：镁：对胰岛素的敏感性和糖代谢的稳定起着重要作用。如缺镁将会损害胰岛B细胞分泌胰岛素的能力，降低周围组织对胰岛素的敏感性，从而加重胰岛素抵抗；还易发生高血压和动脉硬化，加重视网膜病变，影响视力等。钙：钙丢失过多容易引起骨质疏松、动脉硬化及糖尿病肾病。磷：人体内含磷约700克，相当于体重的1%，它主要是与骨骼、牙齿的形成有关。缺磷容易引起骨质疏松。含磷及多种微量元素较多的食物主要是粗杂粮。

微量元素：微量元素是与常量元素对应，指占生物体总质量0.01%以下的人体元素。到目前为止，已被确认与人体健康和生命有关的必需微量元素有18种，即铁、铜、锌、钴、锰、铬、硒、碘、镍、氟、钼、钒、锡、硅、锶、硼、铷、砷等。这些微量元素在体内的含量虽小，但在生命活动过程中的作用是十分重要的。如锌只占人体总重量的百万分之三十三，铁也只有百万分之六十，它们的摄入过量、不足、不平衡或缺乏都会不同程度地引起人体生理的异常或发生疾病。微量元素最突出的作用是与生命活力密切相关，仅仅像火柴头那样大小或更少的量就能发挥巨大的生理作用。根据科学研究，每种微量元素都有其特殊的生理功能。目前，比较明确的是约30%的疾病直接是微量元素缺乏或不平衡所致。锌维持胰岛素的主体结构，每个胰岛素分子结合2个锌原子。如缺锌可引起口、眼、肛门或外阴部红肿、丘疹、湿疹。铁是构成血红蛋白的主要成分之一，缺铁可引起缺铁性贫血。铁、铜、锌总量减少，均可减弱免疫机制（抵抗疾病力量），降低抗病能力，助长细菌感染，而且感染后的死亡率亦较高。微量元素在抗病、防癌、延年益寿等方面都起着非常重要的作用。碘：为甲状腺激素的生物合成所必需的；值得注意的是这些微量元素通常情况下必须直接或间接

由土壤供给。

氨基酸：分为必需氨基酸、非必需氨基酸两种。必需氨基酸指的是人体自身不能合成或合成速度不能满足人体需要，必须从食物中摄取的氨基酸。对成人来说，这类氨基酸有8种，包括赖氨酸、蛋氨酸、亮氨酸、异亮氨酸、苏氨酸、缬氨酸、色氨酸、苯丙氨酸。对婴儿来说有9种，还包括组氨酸。非必需氨基酸不是说人体不需要这些氨基酸，而是说人体可以自身合成或由其他氨基酸转化而得到，不一定非从食物直接摄取不可。1.赖氨酸：促进大脑发育，是肝及胆的组成成分，能促进脂肪代谢，调节松果腺、乳腺、黄体及卵巢，防止细胞退化。2.色氨酸：促进胃液及胰液的产生。3.苯丙氨酸：参与消除肾及膀胱功能的损耗。4.蛋氨酸（甲硫氨酸）：参与组成血红蛋白、组织与血清，有促进脾脏、胰脏及淋巴的功能。5.苏氨酸：有转变某些氨基酸达到平衡的功能。6.异亮氨酸：参与胸腺、脾脏及脑下腺的调节以及代谢；脑下腺属总司令部，作用于甲状腺、性腺。7.亮氨酸：平衡异亮氨酸。8.缬氨酸：作用于黄体、乳腺及卵巢。非必要氨基酸包括甘氨酸、丙氨酸、丝氨酸、天冬氨酸、脯氨酸、精氨酸、组氨酸、酪氨酸、胱氨酸等。

总糖：总糖主要指具有还原性的葡萄糖、果糖、戊糖、乳糖和在测定条件下能水解为还原性的单糖的蔗糖（水解后为1分子葡萄糖和1分子果糖），还有麦芽糖（水解后为2分子葡萄糖）以及可能部分水解的淀粉（水解后为2分子葡萄糖）。

总黄酮：黄酮类化合物，广泛存在于植物界，是许多中草药的有效成分。在自然界中最常见的是黄酮和黄酮醇，其他包括双氢黄（醇）、异黄酮、双黄酮、黄烷醇、查尔酮、橙酮、花色苷及新黄酮类等。近年来，由于自由基生命科学的进展，使具有很强的抗氧化和消除自由基作用的类黄酮受到空前的重视。类黄酮参与了磷酸与花生四烯酸的代谢、蛋白质的磷酸化、钙离子的转移、自由基的清除、抗氧化活力的增强、氧化还原作用、螯合作用和基因的表达。总黄酮功能作用有：1. 抗炎症；2. 抗过敏；3. 抑制细菌；4. 抑制寄生虫；5. 抑制病毒；6. 防治肝病；7. 防治血管疾病；8. 防治血管栓塞；9. 防治心与脑血管疾病；10. 抗肿瘤；11. 抗化学毒物；等等。天然来源的生物黄酮分子量小，能渗入体内迅速吸收，能通过血脑屏障，能渗入脂肪组织，进而体现出如下功能：帮助人体防御辐射、消除疲劳、保护血管、防动脉硬化、扩张毛细血管、疏通微循环、活化大脑及其他脏器细胞的功能、抗脂肪氧化、抗衰老。

环磷酸腺苷：用于心绞痛、心肌梗死、心肌炎及心源性休克的治疗。对改善风湿性心脏病的心悸、气急、胸闷等症状有一定的作用。对急性白血病结合化疗可提高疗效，亦可用于急性白血病的诱导缓解。此外，对老年慢性支气管炎、各种肝炎和银屑病也有一定疗效。

第三节　形成原因

上面我们详尽地介绍了红枣的各种成分和功能特点。那么红枣成分是如何形成的，又是如何转化为人体营养成分的？下面再进行介绍。

一、从生长环境说：气候独特，土壤特殊

一方水土养育一方物种，说的是成就一方物种的主要原因是气候、地形地貌、土壤水分等自然环境。不同的气候环境、区域环境、

土壤特点会形成不同的自然资源禀赋，不同的资源禀赋会形成不同的构成成分，不同的构成成分会形成不同的功能作用，这就是一方水土孕育一方物种的具体原因。那么红枣生长的环境如何呢?

红枣主要生长在黄土高原黄河流域两岸，河谷地形影响气候形成独特黄河小气候，形成黄河流域整体呈温带大陆性气候特点但又有别于附近其他区域的独特气候，夏季气温较高、降雨量较少且集中、无霜期较长、昼夜温差大。这些自然环境特点使红枣形成甜度、酸度高，油膏类丰富，肉头厚，水分少，耐储存等特点。黄土地山高坡陡、沟壑纵横、山峦绵延起伏，不能人工浇灌，下雨也很难蓄水。干旱特点又适合红枣生长。同时红枣还生长在险奇环境中，处于半野生状态，接收阳光充分、空气流通性好、病虫害相对少、不用施农药，是接近纯天然的果品。

据地质学家考证，地球历史上新生代时期，常常会刮起一种狂暴的冬季季风。季风南下，常常把途中一些沙漠里含有石英、长石和云母的黏粒搬运而来并以一种雨土的形式降落到地面。降落到地面的雨土再经过长时间的水流和其他外力作用，在大地上形成不同类型的堆积物，经年累月便形成黄土高原。还有黄河泥沙滩地是由各种砂砾、黏土、岩石分化物和各类冲积物等冲积而成，主要是寒武山龙岩受压后形成的破碎岩石。这些土壤经风化后比平原土壤更肥沃、土质成分更丰富。这就是红枣生长的土壤，有利于红枣吸收多种矿物质成分。

红枣选择在阳光充足、空气新鲜的峡谷地区生长。峡谷地区温差大，红枣甜度就高，油膏厚，红枣质量好。但同是峡谷地区，黄河东岸比西岸的日照更充分一些，接受阳光更充足一些，所以更适合红枣生长，红枣的质量也相对更好一点。这正是黄河晋陕峡谷东岸即古书所称河东红枣质量好的环境原因。

二、从生长年限说：树龄超长，能量巨大

红枣树是长寿树种，千年不死，其他果树如苹果、梨、橘子、葡萄等，一般平均寿命仅有30—40年，所以红枣树还被人们称为果树界的“圣树”。能量守恒定律认为能量是构建生命的基本要素，任何物质都有能量。不同物质拥有不同的能量，物质能量不会凭空消失或产生，会通过合理途径（饮食、照射、腐败等）转换成另一种物质的能量。一般来说，生长年限越长，吸收阳光、水分、土地中的矿物质元素越充分，同时还能吸收时节变化时风、雨、雪、雷产生的种种能量，能量积聚会更多；越是在极端环境下包括在极寒、极贫土壤、极干燥、极偏僻环境下生长越能吸收大自然的极端能量。同时因人为干扰少，负能量影响少，就越接近纯天然、无公害，能量相应也更大。极端能量越强，越能体现为超强生命力。植物界有

越是老的植物药用价值越高的说法。如百年人参、老树普洱、花甲何首乌、三十年茯苓等。小麦中冬小麦要比春小麦的营养价值高。可见植物的能量与生长年限也是有关系的。人类在吃食这些吸收了自然界超强能量的动植物品种时，超强能量也会转移到人身上被人体吸收，成为人体的营养成分和健康能量，从而使人体保持健康。这和中医养生学的认识是一致的。黄土高原黄河流域百年甚至千年红枣在残酷的自然条件下，经过风霜雨雪的洗礼，集日月精华，吸天地灵气变成千年不死超自然的生命能量。这种含有特殊能量的食物经人体食用可转移到人体中，修补人体损伤的各组织细胞，变成超强免疫力，提高人体抵抗力。

三、从成分含量说：成分多元，功能多样

营养学认为，人体与膳食供给之间要保持平衡状态，要求人体摄入的能量与人体生长发育、生理及体力活动能量要保持平衡。为此把能满足这些条件的饮食叫作膳食平衡。这包含了两层意思：一是各营养素之间保持适当比例；二是总摄入量与人体需求量之间保持平衡。

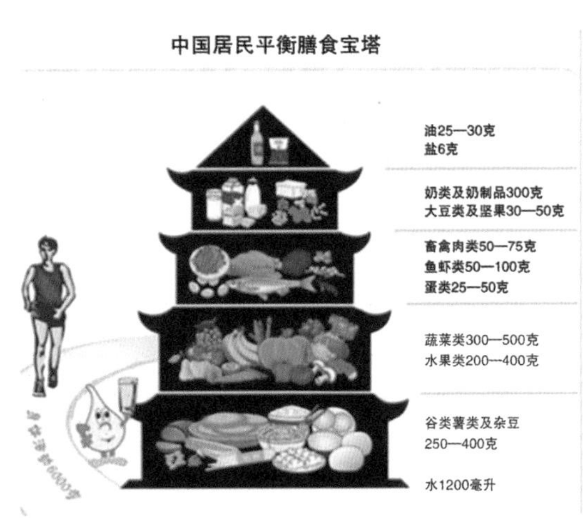

那么什么是能量？能量的用途是什么？能量从何而来？能量是生命的动力。人类每天都要喝水、吃饭、摄取食物，食物经过消化、吸收、代谢等环节在人体内燃烧（氧化），然后产生热能，转化为人体生命活动中的动力，这就是能量。根据营养学能量平衡要求，人每天吃饭摄取的能量必须和人体需要能量保持平衡（如中国居民平衡膳食宝塔图所示）。摄取少，会营养不良，摄取过多，造成人体脂肪的堆积，使人肥胖。肥胖会带来多种疾病如高血压、心脏病、糖尿病、脂肪肝等。

人体平衡需要七大营养素：蛋白质、脂肪、维生素、碳水化合物、矿物质、膳食纤维和水。国际权威研究机构认为，人体每天平均需摄入15—30种（依人体运动而定）不同物质（包括调料），方才能保持人体平衡。《黄帝内经·素问》中就提出“五谷为养，五果为助，五畜为益，五菜为充”的配膳平衡原则，这都要求人体摄入食物多样化。红枣构成成分多、含量足，还含有特殊成分，成就了红枣营养足、功能多、营养价值高的属性，因而能弥补人类摄取食物种类少、平衡性不足的弱点，能满足平衡膳食的基本要求。

四、从释放能量说：表现多样，特色鲜明

红枣成分多、营养价值高从多方面显示了出来。从视觉、嗅觉、味觉等各种感官上感觉红枣会有不同表现，标志着红枣有多种成分。成分多就意味着功能多，功能多就形成了很高的营养价值。

1. 从视觉上看：红枣开花驻果绿，趋成熟呈青白鲜红色，真正成熟又具红紫色、褐红色等颜色。红色食物标志着含番茄红素、丹宁酸等，这些元素具有抗炎作用，还能为人体提供蛋白

质、无机盐、维生素以及微量元素，增强心脏和气血功能，可以保护细胞。红色食物还有极强抗氧化作用，可以有效对抗体内自由基，有助于减轻疲劳。按照中医五行学说，红色为火，红色食物进入人体后可入心、入血，具有益气、补血和促进血液循环、淋巴液生成的作用。红枣有的呈红紫色，也具备紫色食品功能的特点。

红枣汤

2. 从味觉上尝：红枣发甜、发涩、发酸、发苦、发辣。“甜”代表含多糖类物质，甜入脾，护脾胃。“涩”代表皮粗，食物粗糙，有不可溶的膳食纤维，能有效预防便秘和肠道癌。“酸”代表含单宁果酸和草酸，酸入肝，有护肝作用。酸还是强力的抗氧化物，对预防糖尿病和高血压有益。植物遗传学还认为，带“酸”的东西相对古老，具有天然性，因为人类后天培育时都在向适合人类口感的方向培育，所以培育的品种就越来越甜了。“苦”代表含各种甙类、萜类、多酸物质，苦入心，对心脑血管疾病有预防作用，同时能预防癌症和心脏病。红枣吃起来微发辣，就像生姜的辣，能中和、暖胃，可以入药。

3. 从嗅觉上闻：常吃红枣口里有点臭味，这就是红枣中的硫甙类物质和烯丙茎二硫化物，类似的物质还有萝卜和大蒜。这些物质对预防癌症有帮助。

现在选取世界上和红枣类似的水果进行成分对比，从中了解红枣的营养价值。

鲜红枣、紫葡萄、国光苹果成分比较

成分含量＼品名		鲜红枣（第100克）	紫葡萄（第100克）	国光苹果（第100克）
蛋白质（克）		1.1	0.7	0.2
脂肪（克）		0.3	0.3	0.1
碳水化合物（克）		30.5	10.3	13.3
膳食纤维（克）		40	1	1.1
胆固醇（克）		0	0	0
灰份（克）		0.7	0.3	0.2
维生素类	维生素A（毫克）	40	10	15
	胡萝卜素（毫克）	240	60	90
	视黄醇（毫克）	0	0	0
	硫胺素（毫克）	0.06	0.03	0.05
	核黄素（毫克）	0.09	0.01	0.01
	尼克酸（毫克）	0.9	0.3	0.1
	维生素C（毫克）	369	3	4
	维生素E（毫克）	0.78	0.5	0.61
	总含量（毫克）	650.83	73.84	109.77
	A–E（毫克）	0.42	0	0.37
	!–e（毫克）	0.26	0	0.24
	6–e（毫克）	0.1	0	0
	总含量（毫克）	0.78	0	0.24
矿物质	钙（毫克）	22	10	2
	磷（毫克）	23	10	5
	钾（毫克）	413	151	72
	钠（毫克）	1.2	1.8	1.7
	镁（毫克）	25	9	2
	铁（毫克）	1.2	0.5	0.2
	锌（毫克）	1.25	0.33	0.11

续表

成分含量 \ 品名		鲜红枣（第 100 克）	紫葡萄（第 100 克）	国光苹果（第 100 克）
微量元素	硒（微克）	0.8	0.07	0.03
	铜（毫克）	0.06	0.27	0.14
	锰（毫克）	0.32	0.12	0.03
	碘（毫克）	0.02	0	0
	总含量	487.85	183.09	83.21
氨基酸类	异亮氨酸	74	11	9
	亮氨酸	87	15	12
	赖氨酸	58	18	10
	含硫氨基酸	79	21	11
氨基酸类	蛋氨酸	44	9	3
	胱氨酸	35	12	8
	芳香族氨基酸	131	34	21
	苯丙氨酸	92	20	11
	酪氨酸	39	14	10
	苏氨酸	57	18	7
	色氨酸	10	8	7
	缬氨酸	88	19	14
	精氨酸	69	54	6
	组氨酸	22	12	3
	丙氨酸	59	25	9
	天冬氨酸	411	13	45
	谷氨酸	120	64	20
	甘氨酸	57	15	8
	脯氨酸	12	15	7
	丝氨酸	60	18	9
	总含量	2069.85	415	230

（摘自中国营养学会国家营养成分标准检测表）

正由于此，植物学家，营养专家在向人类推荐的十佳营养水果中大都有红枣。中国营养学会推荐的“十佳蔬果”如下。

膳食纤维含量（%）

水果排名	食物名称	纤维素含量	水果排名	食物名称	纤维素含量
1	酸枣	10.6	6	橄榄	4.0
2	梨	6.7	7	冬枣	3.8
3	红玉苹果	4.7	8	人参果	3.5
4	椰子肉	4.7	9	芭蕉	3.1
5	桑葚	4.1	10	大山楂	3.1

维生素 C 含量（毫克 /100 克）

水果排名	食物名称	维生素 C 含量	水果排名	食物名称	维生素 C 含量
1	刺梨	2585	6	红果（山里红）	53
2	酸枣	900	7	草莓	47
3	冬枣	243	8	木瓜	43
4	沙棘	204	9	桂圆	43
5	中华猕猴桃	62	10	荔枝	41

钾含量（毫克 /100 克）

水果排名	食物名称	钾含量	水果排名	食物名称	钾含量
1	牛油果	599	6	菠萝蜜	330
2	椰子	475	7	红果	229
3	枣	375	8	海棠果	263
4	沙棘	359	9	榴莲	261
5	芭蕉	330	10	香蕉	256

胡萝卜素含量（微克/100克）

水果排名	食物名称	胡萝卜素含量	水果排名	食物名称	胡萝卜素含量
1	沙棘	3840	6	海棠果	710
2	小叶橘	2460	7	杏	450
3	哈密瓜	920	8	西瓜	450
4	芒果	897	9	枣（鲜）	240
5	木瓜	870	10	樱桃	210

第七章　红枣加工

近年来，红枣的药食同源属性被广泛认识和接受。为了适应市场，拓宽销售渠道充分发挥红枣各种功能价值，红枣走上加工之路。

“红枣宴”是把红枣分割成枣汁、枣泥、枣粉、枣肉、枣酱等类，同时搭配枣芽茶、红枣汁、红枣干红、红枣露酒等制品并以发酵“枣糕”、红枣挂面、红枣干馍为主食的红枣佳肴。与此同时，也出现了以枣夹核桃为主的红枣初级加工产品。

阳府井红枣宴

红枣加工产业

为了适应市场需求，满足不同消费人群，红枣加工向“榨干吃尽”红枣的精细、深加工方面延伸。在现代生物学、加工技术支持下，一些既符合人类口感，方便食用，又能充分利用红枣各种功能价值特点，同时又适应不同消费人群的加工产品不断问世。红枣各饮料制品包括饮料酒相继问世。饮料酒能充分吸收红枣各种有效成分，又方便人体吸收，以科技含量高、加工增值能力强、市场需求大等特点行销近年来红枣加工市场，成为红枣的主要加工方向。本书主要从饮料酒方面介绍红枣的深加工。

第一节　红枣酿造酒

近代工业革命以来，随着加工设施、加工技术、生物科技的发展，红枣加工有了多种可能。根据红枣加工专家贺荣平研究，红枣加工主要体现在下列方面（如图所示）。

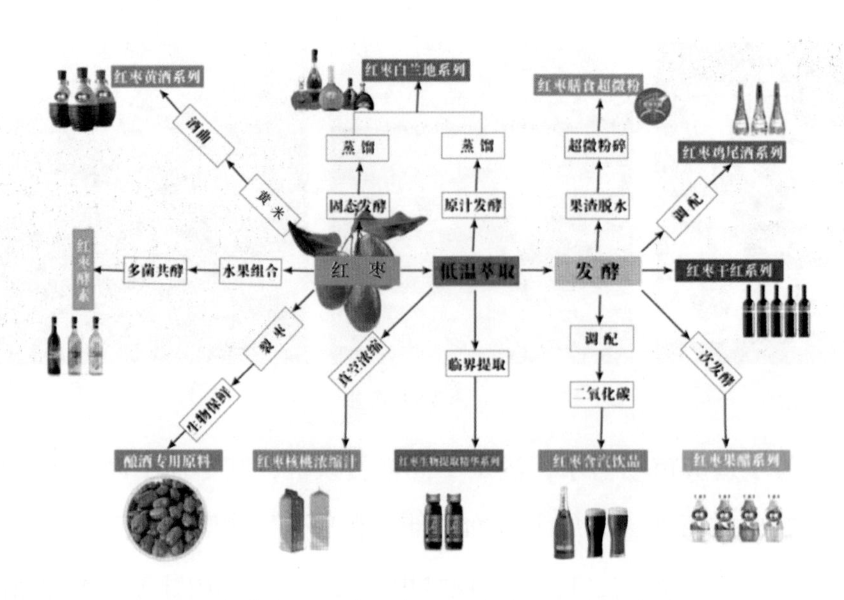

山西中鹰大红枣产业有限公司产品研发路线图

我们从这张图中可看出：1. 利用现代生物技术，采用不同工艺流程和加工手段就可加工出五花八门适应不同消费群体、满足各种功能要求的红枣加工制品；2. 从图中可知，红枣饮料酒是主要深加工方向。

红枣深加工酿造饮料酒，因制作工艺不同可分为发酵酒和蒸馏酒。针对红枣原料特点，运用现代生物酶分解技术，利用多菌共酵微生物液态发酵工艺酿制而成的低酒精度红枣酒就是红枣干红系列饮料酒。如再经过铜制二次蒸馏方法，用中国特有的多年枣木容器贮藏酿造出的红枣高酒精度酒就是红枣白兰地。无论红枣干红，还是红枣蒸馏酒，我们统称为红枣酒。

【链接】

根据中华人民共和国标准，我国的酿造饮料酒可分为发酵酒、蒸馏酒和配制酒三大类，发酵酒又细分为啤酒、葡萄酒、果酒、黄酒和其他发酵酒5种，蒸馏酒又细分为白酒和其他蒸馏酒（如白兰地、威士忌、伏特加等）。

下面，我们以保留红枣中的有效成分抗氧化物为例说明红枣酿造的重要性和必要性。

人体新陈代谢会持续不断地产生氧自由基，氧自由基是导致人体疾病的元凶，而抗氧化物就是中和人体内氧自由基的物质。抗氧化物是依靠人体自身分泌产生或靠摄取相应物质产生的。正因如此重要，所以把是否具备抗氧化功能当作衡量人体健康与否的重要标志，把是否含有抗氧化物当作衡量某种物质是否具有营养保健功能的重要标准。

人体跟金属一样，在生活过程中会逐渐“氧化”。如果人体自身有抗氧化物，机体中和氧自由基能力强，也即抗氧化能力就强。抗氧化能力强意味着人体就健康、生命越长。否则缺少抗氧化物，抗氧化功能发挥不正常，就会增加人体内的氧自由基。氧自由基集聚就会导致各种疾病，例如常见的癌症、动脉硬化、糖尿病、白内障、心血管病、老年痴呆、关节炎等。人类25岁左右前靠自身系统分泌抗氧化物，维持抗氧化系统正常运行；25岁左右后大脑停止发育，分泌抗氧化物的机能逐渐衰退。人体自身不能生产抗氧化物，需要通过摄取含有抗氧化物的食物来维持自身抗氧化功能的正常运转。

那么，什么是抗氧化物呢？抗氧化物主要包括：多酚类物质，黄酮类物质，二十八烷醇，维生素B、C、E，β 胡萝卜素，等等。

多酚类物质是目前所知抗氧化的主要物质，此外还有硫辛酸，矿物质硒、锌、铬等。据药理研究发现，红枣中含有多种生物活性抗氧化物，主要为枣核中的芦丁，枣皮中的总多酚、总黄酮，枣肉中的多糖、皂苷类、三萜类、生物碱类、环磷酸腺苷（CAMP），环磷酸乌苷（CGMP），等等。

红枣中各个部位均含有抗氧化物成分，但含量不尽相同。据红枣研究专家贺荣平提供资料，红枣各部位抗氧化能力如下：

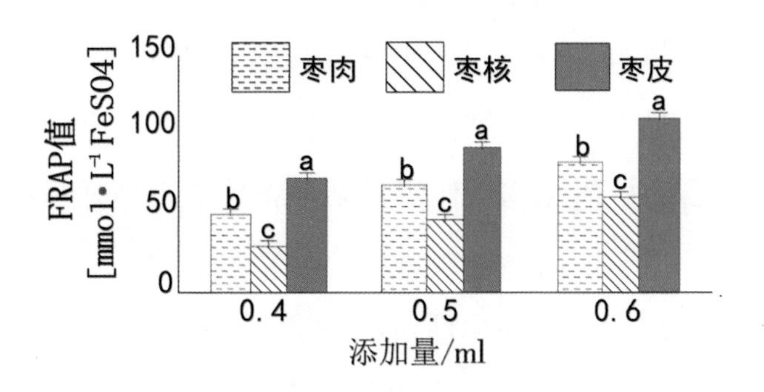

红枣不同部位的总抗氧化能力

从图中我们看到，红枣中抗氧化物主要分布在枣皮中，在枣核中也部分存在。如果按传统方法食用红枣，枣皮是粗纤维物质，不易消化，直接排泄，枣核全部扔掉，两种部位中的抗氧化物质随之扔掉，以致发挥不出红枣抗氧化物应有的作用。晋陕峡谷区传统上用蒸煮等方法吃食红枣能部分地吸收皮核中的有用物质，但吸收不彻底。所以如何充分吸收红枣有用成分使红枣皮、红枣核中的抗氧化物保留下来便是红枣深加工的探索方向。研究发现，红枣酿造就很好地弥补了这个缺失。加工首先要经过破壁，经过带核带皮萃取，然后发酵，各个加工过程最大限度地保留各部位中的抗氧化物成分，

挂着红枣的枣树

能提取不溶于水而溶于醇的活性物质。这些活性抗氧化物质就保存在酿造品里，经人饮用后吸收变成人体抗氧化物成分。红枣经酿造加工成的发酵酒一般比水果抗氧化物高出50多倍。所以说红枣酿造加工能最大限度地利用红枣价值，能榨干吃尽红枣有效部位的价值。

第二节　红枣发酵酒与世界其他发酵酒

发酵酒是以富有糖质、淀粉质的果类、谷类为主要原料，加酵母或催化剂经糖化发酵而产生的含酒精的饮料酒。发酵酒是世界上最古老的饮料酒之一。主要有葡萄酒、啤酒、中国黄酒，它们并称世界三大酿造酒。下面把红枣酒和世界主要发酵酒分别比较，在对比中加深对红枣发酵酒的认识。

一、红枣酒与葡萄酒

起源和历史：葡萄酒是以葡萄为原料酿造的果酒，酒精度高于啤酒而低于白酒。关于葡萄酒的起源，中外古籍记载各不相同。一种说法是葡萄酒是天然发酵的产物。葡萄粒成熟后落到地上，果皮破裂渗出的果汁与空气中的酵母菌接触发酵后变成葡萄酒，被人发现充分借鉴制作成世界最早的葡萄酒。还有一说法是，一猎户上山打猎时将葡萄放入水中带上解渴，没有喝完，放了五六天再拿出来喝时味道清爽可口，于是如法炮制生产出葡萄酒。

现代葡萄酒生产则以法国最为兴盛。17、18世纪前后，法国波尔多和勃艮第是世界两大主产区。随后不断发展，成为两大不同类型葡萄酒的加工基地。我国酿造葡萄酒的历史十分悠久。“葡萄美酒夜光杯，欲饮琵琶马上催”，说明唐朝时就有葡萄酒。

葡萄酒除含有一定量的酒精外，还含有其他醇类、糠类、酯类、矿物质、20多种氨基酸、多种维生素和一些对人体有益的微量元素等。葡萄酒是世界上公认的最健康、最卫生的饮料之一，是一种世界性饮品。葡萄酒能调整新陈代谢功能、促进血液循环、防止胆固醇增加，还具有利尿、激发肝功能和防止衰老的功效，也是医治心脏病的辅助剂。此外，可预防坏血病、贫血、脚气病、消化不良和眼角膜炎等疾病。常饮葡萄酒患心脏病概率减少，血脂和血管硬度降低。

酿酒比较：红枣和葡萄是世界主要果品，它们都可通过发酵工艺酿造出饮料酒。我们从下列方面进行比较。

1. 原料

在食品界、酿造界有一种说法是“七分原料，三分技术”，意思是决定饮料酒的主要因素是原料、占七分比例，所以原料是酒质好坏的决定性、基础性因素。那么好原料的标准是什么呢？这就是食品界、酿造界公认的“一高、一低、一少、一厚、一深”标准，具体要求为含糖量高、含酸量低、含果胶少、皮组织厚、色泽深。下面我们对应这些具体标准，看哪一种原料能酿造出更好的酒。

根据资料，把一些有可比性水果进行对比，结果如下：

红枣和世界主要水果酿酒指标对比

名称	含糖量%	含酸量 g/L	果胶%	皮组织	色泽
法国葡萄	20—32	7.0—7.0	5—8	厚	深紫色
国内葡萄	10.3	5.5	6	厚	深紫色
黄河晋陕峡谷红枣	35.2	7.8	5.6	厚	深红色
鲜山楂	10.2	9.6	13.8	薄	红色
鲜枸杞	11.6	6.6	11.5	薄	浅红色
国光苹果	11.5	7.2	8.6	薄	黄色
荔枝	10.6	5.3	6.6	壳、不用	白色

（根据中国营养学会数据计算而得）

从中看出，按照酿酒对原料的要求，红枣综合评价相对最高。其他水果有部分含量还可以，但5项指标综合测算则有较大差距。红枣还是被国家认可的药食两用产品，这是其他水果不具备的。

2. 色泽

红枣酒与葡萄酒同为果酒，酿出来的酒色有些差别，红枣酒呈金黄色，而葡萄酒呈深紫色，两者从颜色上最能代表红酒。从色彩判断优劣则要依个人喜好决定。

3. 口感与味道

红枣酒与葡萄酒虽同为果酒，但因原料不同、酿造方法不同、采用的工艺技术不同，以至形成了不同的口感风味特点。红枣酒柔和微苦，而葡萄酒略感发涩，孰优孰劣因人的口感喜好决定。

4. 安全与卫生

一般来说，干果抗病能力要强一些。红枣是一种干果，处于半野生状态，是一种接近纯天然的有机食品。红枣加工时提前筛选，清洗时也不用化学清洗剂，把影响酒质的残留物降到了最低。国外对葡萄的地理、树距及树龄都进行严格管理，客观上对葡萄酿酒卫生也起了保护作用。

二、红枣酒与啤酒

起源和历史：啤酒是以大麦芽、酒花、水为主要原料，经酵母发酵酿制、饱含二氧化碳的低酒精度酒。啤酒最早发源于公元前3000年左右的古埃及和两河流域。据考证伊拉克王墓的墓壁上有啤酒的痕迹。史料记载将发芽的大麦制成面包，再将面包磨碎置于敞口的缸中，让空气中的酵母菌进入缸中发酵，制成原始啤酒。

啤酒是人类最古老的酒精饮料之一，是水和茶之后世界上消耗量排名第三的饮料。20世纪初啤酒传入中国，属外来酒种。啤酒名称是根据英语Beer译成中文“啤”命名并沿用至今。啤酒含有多种氨基酸、维生素、低分子糖、无机盐和各种酶等人体容易吸收利用的成分。其中低分子糖和氨基酸容易

消化吸收并能在人体内产生大量热能，因此啤酒也被人们称为“液体面包”。1升12度的啤酒，可产生相当于3—5个鸡蛋或210g面包所产生的热量。一个轻体力劳动者，一天饮用1升啤酒即可获得三分之一所需热量。德国啤酒历史悠久，闻名于世。慕尼黑则是德国啤酒生产最早最具代表性的城市。

酿酒比较：啤酒在人体内代谢较慢，如大量饮用会使人腹部变大形成“啤酒肚”，使人发胖。

啤酒清爽可口，特别是和海鲜搭配成为消费者消夏的主要饮品和食材。海鲜富含矿物质锌，锌有助于调节男性荷尔蒙新陈代谢，可以避免前列腺肥大，所以被称为壮阳的美味。红枣酒中富含钾元素，可防止痛风病的发生。红枣酒性温，具有解毒作用，用红枣酒不仅能满足消费者夏天凉爽消夏要求，还在享受美味的同时，增进人体健康。

三、红枣酒与中国黄酒

起源与历史：大约在6000年前的新石器时期，中华先民生产力水平达到一定程度，生产的粮食不仅能吃饱而且有了剩余，就把剩余粮食堆积起来贮存。存放时间一久，发现堆积在潮湿的山洞里或地窖中的粮食发霉发芽，浸在水里再经过天然发酵就变成酒，这就是原始黄酒。大约3000多年前的商周时期，中华先民创造九曲复式发酵法开始大量酿制黄酒。黄酒是以稻米、黍米、黑米、玉米、小米、小麦等为主要原料，拌以麦曲、米曲或药酒，经过糖化、发酵、压榨、过滤、煎酒、储存、勾兑等工序酿造的酒。黄酒起源于中国，与葡萄酒、啤酒并称为世界三大古酒。黄酒和白酒的差异就是黄酒不经过蒸馏，一般酒精含量14%—20%，属于低度酿造酒。据考证，黄酒的黄有多种说法：有的说是因发源于黄河流域而得名；也有说是华夏先民的皮肤呈黄色被命名；也有说是因黄酒的原料是黄米而得名。尽管说法不一，但这些说法均透露了一个信息，就是黄酒发源于中国黄土高原黄河流域，是中华先民在黄土高原环境下酿制的酒。从这个角度说，中国黄酒才是中国的国酒。

黄酒有的地方还称“浑酒”或“稠酒”。也有说法认为黄酒发源于南方。认为，一是酿造的原料是稻米，而水稻是南方的主要粮食；二是南方出土了很多酒器。但我认为这种说法欠妥，有足够资料能证明黄酒发源于北方。一是因为黄酒最初的原料是“黍米”，即“糜子”，去皮后成为“软米”，颜色是金黄色，糜子最早种植地就在黄土高原黄河流域地区；二是黄酒是低度酒，用吃饭饭碗就可代替酒器，不用专门酒器。明诗里写道“北人善酿法，吴越不能如”，明末钱谦益也写“酷爱北酒佳，芳香入梦寐”诗句，说明北方生产的酒比南方好。中国黄酒酿造恪守古法，讲究口味醇正，因此在很长一段时间，代表着中国酿酒的正统，从侧面说明黄酒源自北方。实事求是讲，黄酒虽源自北方，然而现在在南方兴盛。南方兴盛的主要原因是南方糯米丰富，酿酒原料充足；南方工艺上采用蒸米，改变北方铁锅焖米易糊的不足，可提高产量；北方天气寒冷，喝高度酒可有效抵御寒冷，低度黄酒就受到冷遇。这就是北方盛行烈酒，而黄酒慢慢地由盛转衰的具体原因。综合以上，可以说黄酒发展是经历了北方发源但慢慢淡出北方逐渐向南方发展并兴盛这样一个过程，现在浙江绍兴一带的黄酒很兴盛，中国黄酒市场占比最大。

糜子

酿酒比较：严格意义上讲黄酒与红枣酒同出一源，不能截然分开。我国传统习惯将红枣和软米一块发酵酿造酒，北方特别是黄土高原黄河流域地区就是传统酿造黄酒地区。当地有腊月初八吃腊八粥的习俗，熬粥材料是黄米和枣，将吃完剩下的粥储存到罐中进行发酵，酿造过年用的酒，当地称为“浑酒”，这就是最早的黄酒。我们现在所说的红枣黄酒与历史上传统的北方黄河晋陕峡谷浑酒有一定联系，但与南方黄酒则纯粹是不同类型产品。红枣酒是在继承晋陕峡谷传统手工作坊黄酒酿造基础上融入现代生物发酵技术，保留了具有保健作用的黄糯米和红枣的成分酿成的黄酒。红枣黄酒中含有丰富的无机盐、功能性多糖等微量元素、多种生物活性成分及微生物等，这在其他黄酒中是没有的。南方黄酒存放时间长了会产生酸味，如果在酒里放几颗枣，就能使黄酒保持较长时间不变酸，酒味更醇，说明红枣在黄酒中具有特殊价值。南方黄酒酿造用大米，

颜色较白，为了变色普遍加入焦糖调成黄色，这样就改变了正宗黄酒的道地性、纯粹性和味道。北方数千年来延续下来的传统操作方法和现代科技手段结合酿造出的酒已被科学证明是对人体最好的酒类之一，没有添加剂，属纯天然发酵食品。红枣黄酒属于安全、保健、休闲的优良酒类，在药用和食用价值方面有独特作用。

黄酒功能：黄酒入药历史悠久，有“百药之长”的美称，是中华医药史上很重要的辅佐料或“药引子”。中药处方中常用黄酒浸泡、烧煮、针灸。黄酒是制作膏、丹、丸、散的重要辅助原料。据统计有70多种药需用黄酒做配备。红枣是药食同一物种，和黄米一起酿制的红枣黄酒，其药用效果更佳。红枣黄酒和寒性药同服，可缓其寒；与热性药同服，可舒经活络。在冬季民间用红枣黄酒加姜片煮后饮用，活血驱寒，有效抵御寒冷刺激，预防感冒。现将黄酒功能归纳如下：

1. 增加营养。黄酒含有21种氨基酸，有8种人体自身不能合成必须依靠食物摄取的必需氨基酸，也被誉为“液体蛋糕”。黄酒含有许多容易被人体消化的营养物质，如糊精、麦芽糖、葡萄糖、脂类、甘油、高级醇、维生素及有机酸等，是营养价值极高的低酒精度饮品。

2. 舒筋活血。黄酒气味苦、甘、辛。冬天温饮黄酒可活血驱寒、通经活络，有效抵御寒冷刺激、预防感冒，适量常饮有助于血液循环，促进新陈代谢。

3. 美容抗衰老。黄酒是B族维生素的重要来源，它含有维生素B_1、维生素B_2、尼克酸、维生素E，长期饮用有利于美容、抗衰老。

4. 促进食欲。锌是能量代谢及蛋白质合成的重要成分，缺锌时，食欲、味觉都会减退，性功能也下降。而黄酒中锌含量不少，如每100毫升绍兴状元黄酒含锌0.85毫克，红枣黄酒含锌更多。所以饮用黄酒有促进食欲的作用。

5. 保护心脏。黄酒内含多种微量元素，如镁100毫升含20—30毫克，比葡萄酒高10倍，比红葡萄酒高5倍，比白酒高约20倍；绍兴状元红黄酒每100毫升含硒量为1—1.2微克，比白葡萄酒高约20倍，比红葡萄酒高约12倍。这些微量元素均有防止血压升高和血栓形成的作用，对心脏有保护作用。

6. 药引子。黄酒相比于白酒、啤酒，酒精度适中，是较为理想的药引子。白酒虽对中药溶解效果好，但是酒精度高，刺激大；啤酒酒精度太低，不利于重要成分的溶解。

7. 调味佳品。黄酒是天然的健康调味品，俗称料酒。黄酒酒精含量适中，富含味料物质，味香浓郁。烹调荤菜、海鲜等加入少许，不仅可去腥味，还能增加食品风味色泽和营养，是必不可少的调味品。台湾等地的名小吃都把黄酒作为必不可少的调味料。

当前，酒类消费结构正在发生变化。一是对酒的需求由“嗜好”变为“保健”，烈性酒消费将慢慢减少，保健酒消费趋旺；二是司法手段严厉制裁酒驾，对烈性酒冲击也比较大；三是社会风气变化减少了烈性酒的消费。以营养保健、低烈度、文化厚重等因素见长的红枣黄酒必将有大的需求，必将迎来一个消费需求旺盛期。

第三节　红枣酒与蒸馏酒（中国白酒）

按中国饮料酒分类标准，蒸馏酒也是饮料酒一大类型。蒸馏酒是以谷物、薯类、水果或糖蜜为原料，经发酵酿造、蒸馏（包括水蒸、浸蒸、提溜）、储存、勾兑、调配而成的含酒精度较高的饮料。中国白酒属于蒸馏酒。同时，国际上还规定，凡是以各种水果为原料经发酵、蒸馏等过程酿造出来的蒸馏酒统称为白兰地。所以红枣经蒸馏工艺酿造出来的酒也叫红枣白兰地。

起源与历史：中国白酒是以曲类、酒母为糖化发酵剂，利用淀粉糖化原料，经蒸煮、糖化、发酵、蒸馏、陈酿和勾兑后酿制而成酒精度较高的饮料酒。中国白酒是世界上特有的一种蒸馏酒，又称烧酒、老白干、烧刀子等。白酒无色或微黄，透明，气味芳香醇正，入口绵甜爽净，酒精含量一般为38%—55%。

中国白酒是在黄酒基础上发展而来的。关于白酒的起源至今说法不一。有的说起源于东汉，因出土了蒸馏酒器皿；有的说起源于唐宋，有文字记载；还有就是起源于元朝，最得力的证据就是《本草纲目》。一般认为，白酒发展都经历过一个漫长过程，随着蒸馏技术日渐成熟、生产设备日益提升，才慢慢地生产出现代意义上蒸馏白酒。元朝以后，传统蒸馏酒发展起来，白酒也有逐渐替代黄酒之势。据《本草纲目》记载："烧酒非古法也，自元时创始。其法用浓酒和糟入甑（指蒸锅和蒸器上用），器承滴露。"按李时珍说法白酒源于元朝，之前的酒就是指黄酒。但白酒用粮酿造消耗粮食又为当政者所不容，有部分时段是禁止发展白酒的。白酒真正成规模发展则是新中国成立后，尤其是随着微生物学、生物化学和工程技术等科技发展支撑起了研究白酒、生产白酒。机械化水平提高，生产强度下降，酒的产量也大幅攀升，质量也相应有了大幅提高。

白酒蒸馏机器

中国白酒经历朝历代总结探索，发现最符合要求的原料也是需具备“一高、一低、一少、一厚、一深”等特点，而高粱以淀粉含量高、脂肪含量低、蛋白质含量少、皮组织厚、色泽深成为酿造白酒最好原料，故有“天下好酒出高粱”之说。我们知道高粱在粮食作物里属于低营养的粗粮，说明酿造白酒对原料的要求不是以营养成分为标准的。现在世界流行的品牌蒸馏酒都是利用当地的土特产资源做原料，而不是用粮食做原料，如威士忌主要用麦芽，白兰地用葡萄，朗姆酒用甘蔗，金酒用杜松子，龙舌兰、伏特加用土豆等。蒸馏酒利用了当地土特产资源，对生态与自然有着保护作用。这些对开发中国白酒有启示意义。

在人类饮食文化中，白酒是不可或缺的重要饮品。但白酒对人类健康的作用至今仍在争论。国际卫生组织明确将高度白酒、香烟、

鸦片列为三大毒品，而中国消费者却将白酒视为五谷精华，可见争论之激烈和认识差异之大。据研究，白酒是一种无任何营养物质的饮料，即便含有某些人体代谢所需的微量金属元素也是通过酿酒选用水或蒸馏器皿等溶入酒体中得到的，并非酒中所含。酒是通过饮用进入肠胃影响人体神经，然后得到暂时麻醉或虚幻性场景的一种饮料。随着社会发展白酒又起着特殊作用。酒的麻醉、致幻作用被放大，在特定的场合、特定的人群中发挥着特殊作用。例如，诗人和文学家们几乎都爱喝酒。适量饮白酒对人体驱寒御冷、舒经活络，对人心理有抚慰愉悦作用。《饮膳正要》《本草纲目》等医学著作都有关于饮酒利弊的记载，也明确地提出“适量饮酒”有益“健康”的观点。

红枣药食同源，又属果类，用红枣酿造酒符合世界酿造业原料潮流。开发红枣酒既保护了粮食作物，也保护了生态环境；既服从国家粮食安全战略，同时又开发了特色资源变废为宝，是既经济、又符合产业政策的科学开发。白酒行业利润巨大，消费很旺，代替办法就是用红枣酿造。

第四节　红枣酒综合分析

前面介绍了红枣的功能优势，如果用红枣做原料酿造成酒在功能价值上同样具有优势。红枣酒优势体现在，药性充分、功能多元、吸收原料有效成分彻底，营养保健作用能发挥得淋漓尽致等方面。

一、除去不适口感，佳酿名副“口”实

研究表明，一般所谓“好吃”即口感好的食物，保健成分含量偏低。营养好的东西不好吃，好吃的东西营养差就成了规律。《美国临床营养学》杂志上发表了一篇文章总结了天然食品中各种保健物质的味道和口感感觉之间的关系，认为具有活性成分、营养保健物质含量高的食品口味就差，口感大都是苦、涩或刺激大等；反之，如果口感好、入口顺，则保健成分明显不足。植物遗传学、传播学也认为，人类后来种植、培育驯化时有意识地选择向口感好、甜的方向培育和种植，所以越往后口感越好，相应保健营养成分就会衰减、退化，这充分说明口感不好的东西相对古老、保健效果更好的规律性特点。从这些可知道红枣越酸说明相对越古老、越天然、越保健。据学者研究，黄土高原黄河流域晋陕峡谷区域东岸红枣主要品种“母枣”属酸枣的第三代嫁接物种，口感微酸纯甜，相较其他纯甜类品种古老。人类的饮食除了满足食欲、维持健康之外，还有感官享受、心理满足等文化因素，所以如何让食物既有营养、确保人体健康，也有相对好的口感，同时又能满足视觉愉悦，就成为食品饮料行业研究重点。红枣酒填补了这些空白，部分地去除了原料中的特殊口感，又使功能发挥最大化，色彩也赏心悦目。

二、榨干吃尽红枣，功能发挥充分

红枣从外到里、从皮到肉浑身是宝，浑身含有有效成分，但如果我们用传统吃法生吃红枣，就会把有效成分白白扔掉。比如红枣皮，如果生吃，粗糙、不可溶的膳食纤维就会被排泄，而这些物质是预防肠道癌和便秘的物质；红枣核如果生吃就会废弃扔掉，但枣核中含有单宁、果酸、草酸等强力抗氧化物质，是预防糖尿病、高血脂的有效物质。只有通过加工即通过粉碎、萃取等方法才可最大限度吸收这些有效成分，充分发挥红枣的药物营养保健功能。

红枣酒

三、释放各种能量，发挥各种功能

1. 抗辐射：现代社会条件下人类不可避免地经常与电脑、手机等各种电子产品打交道，每天都受到辐射的影响，容易诱发一系列疾病。生物学家发现红枣中含有多酚类化合物等有助于延年益寿的化学物质，能够激发人体内物质的条件反射，将人体细胞抵抗辐射能力提升到正常水平的3倍，从而延长人类的寿命。

美国哈佛医学院的戴维·辛克莱尔博士研究认为红葡萄酒具有一定的抗辐射能力。他指出，红葡萄酒所含的多酚类植物天然化合物能刺激一类特殊的酶发挥作用，令人体细胞抗氧化能力增强，抵御核辐射的能力随之提升至原有水平的3倍。参与研究的美国麻省理工学院的莱昂纳多·古伦特博士表示，即使是从50岁开始摄入红葡萄酒中的这些化学物质，也可以使寿命延长10年。

专家通过研究认为，红枣除有上述多酚类化合物外，由于在干旱气候环境下生长果实，还含有更多的抗氧化物。红枣的环磷酸腺苷、黄酮类物质具有更强的抗辐射功能。所以红枣酒是现代电子环境下抵御辐射的健康饮品。

2. 减肥：红枣酒还有减肥功效。每升红枣酒中含525卡热量，但是这些热量只相当于人体每天平均需要热量的1/15。饮酒被人体吸收、消化后，可在4小时内全部消耗掉这些热量而不会增加体重。经常饮用红枣酒的人，不仅能补充人体需要的水分和多种营养素，

而且有助于减轻体重。红枣酒中的硫酸钾、氧化钾含量较高，可防止水肿。

3. 美容：中医说："女子以血为本"，红枣酒中含有丰富的铁，可以起到补血的作用，使人脸色变得红润。人们用"面若桃花"形容女性气色健康、美丽动人，喝红枣酒就能达到

红枣干

这种效果。红枣中的抗氧化物多酚类物质，环磷酸腺苷能够抑制细菌、污染物和自由基对皮肤的侵害，增加皮肤的弹性。红枣酒中的多糖类物质可抑制延缓衰老透明质酸的分解，减少皮肤细纹和干裂。红枣酒含有果酸，可促进皮肤的新陈代谢，活化皮肤的细胞，改善肌肤肤质，达到柔润肌肤和净化斑点的效用。人的皮肤由内到外，由表到里，红枣酒都对其有呵护作用。

4. 助性爱：情欲和食欲一样，都是人与生俱来的自然本能。红枣酒独特成分能有效促进身体内血液循环，可以加快人体内的激素分泌，增加人体内性激素含量，促进性欲。同时，红枣酒色彩又能营造特殊的男欢女爱情调。美酒不仅可以令人一饱口福，还可以让人尽享“性”福！红枣酒是一款男女皆宜的饮品，味道甘洌，入口柔软，回味悠长。

第八章　红枣酒贮藏与品鉴

根据西方传统观点，酒品质量的高低与酿造酒的原料质量、工艺水平、勾兑水平等有关，也与贮藏有关。贮藏除强调贮藏场所需具备一些条件外，还强调贮藏窖器的品质、材质，制作贮藏窖器的技术等。贮藏酒技术发展到目前不仅是一种贮藏酒场所，更变成了一种酒文化，极大地影响了酒的销售和价格。酒的品鉴也是红枣酒文化的一部分。

第一节　如何贮藏和品鉴

贮藏不是简单的存放时间问题，是在具备一定条件下的综合系统管理。贮藏酒不仅是技术，也是艺术。贮藏酒，要求具备相当高工艺技术条件，需要有恒温、无尘、无震动、通风、适当湿度环境、合适容器和无污染酒窖，还要有一定的监测技术、定期化验与品尝等动态管理。目前国外的白兰地、威士忌酒贮藏都有具体的标准和管理手段。

国外生产的蒸馏酒也很注重贮藏。生产出来的酒经过一定时间贮藏，让其自然老熟以减少酒的刺激性、辛辣性，使酒体绵软适口、醇厚香浓、口味协调。他们还把贮藏当作酒类生产的高级阶段看待，认为是酒文化的外在表现，所以刻意打造。生产标准化，贮藏规范化并以严格的酒行业法律、法规调控，使酒的品质不断提高、升华。

国外贮藏酒主要用“橡木桶”。橡木中含有丰富的香味物质，在贮藏过程中能溶入酒体，帮助酒体形成独特稳定的风味，桶壁的炭化层在贮藏中起到活性炭的作用，对酒体澄清、老熟起着至关重要的作用。

国外酒以独特橡木桶贮藏方式获得了高附加值。贮藏过程就是塑造酒的灵魂过程，形成了酒产品的休闲性、娱乐性、经营性、享受性，形成了酒文化，产品价值得以提高。

国内贮藏酒有采用酒里放入特制肥肉然后放入陶坛的办法，有一定效果。原理就是通过肥肉的吸附作用使肉溶解形成微量成分，使酒有独特风味，溶解的微量成分也起到了抗氧化的作用，使酒体保证质量和风味的稳定性。

酒窖

我国是一个酒文化源远流长的泱泱大国，历来讲究酒的贮藏，而且有的酒种还讲究发酵设备的“陈华”，这是国外所没有的。但我们过分强调以香型、发酵期长短来定位酒的价格，始终没有把“贮藏”的价值体现在产品的价格上，说明我们在生产理念、消费观念、生产手段上都与国外还有一定差距。

红枣酿造酒刚刚起步，贮藏一般都仿照葡萄酒办法，所以，红枣酒要在实践基础上不断总结、探索，然后制定一套从源头种植到加工贮藏、从贮藏技术到贮藏材料等方面行之有效的红枣酒管理规范并执行，从而提升红枣酒的文化含量。

【链接】

民间有藏酒的习惯。绍兴在生小孩时，如果生的是男孩就将刚生产的酒埋藏，起名叫“状元红”，就是期盼儿子成人后高中状元，在庆贺时饮用。如果是生的女孩，就将酒埋藏直至女子出嫁时请客用，故名“女儿红”。

红枣酒和葡萄酒酿造工艺基本相同，喝酒方法也相似。喝红枣酒和喝白酒有很大不同，喝红枣酒需细细品味。品酒是人类对饮酒认识的升华，是人类文明的体现。当人从喝酒上升到品酒时，才真正享受到酒的美妙。那么如何品酒呢？按顺序分为如下步骤。

一、“察颜观色”

“察颜观色”是人对事物的感官认识，是人类对事物的初步认识。所以“察颜观色”是了解红枣酒的第一个步骤。看红枣酒颜色，最好先将盛满酒的酒杯放在白色背景前，从酒杯正面看，看酒是否清澈。如果清澈，说明酒好。反之，酒浑浊，说明酒不好。还有就是从酒杯正侧方的水平方向看。摇动酒杯，看酒从杯壁均匀流下时的速度。酒越黏稠，速度流得越慢，酒质越好。红枣酒的色泽由五色组成，主色为深金红色，有时随着陈酿时间不同、原料树龄不同，颜色也有一定的差别，但相对来说，颜色越深且透明亮丽的酒质量越好。颜色是红枣酒的外衣。根据心理学观点，高贵典雅的金红色不但养目，也能撩人心扉，带来心情愉悦，给人一种天然美的享受。色和味一直是消费者对食物的普遍要求。

二、摇晃酒杯

红枣酒需充分氧化后香味才能释放出来。氧化过程会使酯、醚和乙醛释放出来，和氧气发生作用并产生香气。尘封多年的老酒，刚刚打开时会有异味出现，这时就需要"唤醒"酒。所谓"唤醒"就是让酒氧化。"唤醒"酒的方法就是将酒倒入醒酒器，等待十分钟左右，让酒异味散去。醒酒器面要宽大，让酒和空气的接触面尽量大。如果没有醒酒器，就将酒倒入酒杯内慢慢摇晃，让氧气进入酒内，浓郁香味也自然散发出来。

三、闻酒香

心理学认为，人类嗅觉比味觉古老，且有更好的判断力。要利用嗅觉古老特点，品尝红枣酒。先闻酒香。闻酒香，要呼吸室外的新鲜空气，然后将鼻尖探入倾斜45度的盛酒杯子，偏嫩的酒就会闻到一股原始香酒味。如果是陈年酿酒就会闻到复合香味。还可摇动酒杯，迅速闻酒中释放出的香味。红枣酒的"香气"会因红枣的年龄和红枣品种而略有差异。

四、品尝美酒

红枣酒应该慢慢品味才能体会到佳酿的美妙。好处是一部分酒精会从呼吸系统散发出去，从而减少直接进入身体的酒精量。酒是酸、甜、苦、辣、咸等有机物质和水的混合体，品酒就是寻找红枣酒特有五味的和谐与平衡。

五、回想回味

品尝红枣酒，还要好好回味所品的酒，体验口感如何、酸甜度如何、有什么感受等。回味过程中就不由地让品酒者进入生活回忆当中。生活的艰辛，五味杂陈犹如酒的五味，这样就会产生酒人一体、酒人合一的感觉。既有惆怅，又有欣慰，既有悲喜，又有释然，人生尽在酒中。

第二节 贮藏和品鉴红枣酒是文化

中国人喝酒喜欢干杯，一饮而尽，这种方式只适合于白酒。白酒由于酒精度高，性烈，细嚼慢咽使人难以接受。喝红枣酒不能这样，慢慢喝、慢慢观、慢慢品、慢慢回味。这不仅是吸收红枣酒功能需要，也是喝红枣酒审美需要，说到底是文化需要。

一、贮藏的本质是文化

贮藏的本质是文化。国外在贮藏酒上有一套成熟的管理制度和评价标准，已经上升到文化高度去看待、开发，取得满意效果，我们可得到一些启示。

葡萄酒是一种世界性的饮品，已成为除啤酒外人类饮用最多的饮料酒。法国虽不是葡萄酒最大的生产国，也不是葡萄酒的发源地，但从种植、酿造、贮藏和销售方面看，法国最为先进。酒庄文化就是集中反映。酒庄文化起源于法国。遍布法国的葡萄酒庄，不仅担当着法国的经济重任，而且蕴含了法国的历史和文化，成为关系法国国计民生重要产业葡萄酒的重要特征。一个酒庄，就是葡萄酒历史的重现，诉说着历史，反映着管理，铺陈着标准，体现着发展。法国6000万人口中，从事葡萄酒业相关的产业人口有600余万，约占总人口的1/10。有的一个村就有几十家上百家酒庄。法国近一半的国土都在种植葡萄，法国拥有近8万家的葡萄酒庄园。以波尔多地区为例，波尔多总面积1522平方公里，该地区共有11万公顷葡萄园，有近1.2万家酒厂。被法国誉为“酒中之王”的拉菲堡就坐落在波多尔上梅多克北部的一个山丘上，共有90公顷葡萄基地，每年产出20余万瓶葡萄酒。在波尔多列级酒庄评选排名中，拉菲酒庄位列首位。它是很多葡萄酒收藏家和投资者热衷购买的产品。法国政府除用酒庄抬高价格外，还采用限产措施。规定葡萄园每公顷只能种植8500株葡萄，葡萄园区亩产量必须少于600公斤。限产拉高了葡萄价格，拉高了葡萄酒收入。拉菲销售收入能达到2亿元，每亩葡萄收入为15万元人民币左右。

法国酒庄文化对我们有很多启发。分析葡萄酒成功原因主要是发展历史长、质量管理严格、管理手段和模式独特、酒质稳定、形成固定的消费群体、市场等因素。酒庄文化赋予了法国葡萄酒特殊的文化内涵，从而增加了销售量，提高了销售附加值。红枣酒在营销方面应借鉴葡萄酒赋予文化内涵的案例，用专用容器贮藏，赋予文化内涵、提升产品品位、提高价值。

二、品酒折射修养

中国是举世闻名的酒乡，形成了博大精深、包罗万象的酒文化，成为我国文化宝库中璀璨的明珠。酒与文化联姻，不仅使酒有用武之地，而且激发创作出大量的文化产品，二者相得益彰，相辅相成，相互促进。酒从最初是对天地鬼神、祖宗社稷的祭祀用品，发展到现在成为渗透到政治、军事、文学、艺术等社会生活的各个领域共享用品。酒会让人感受到“劝君更进一杯酒”的情谊，“杯酒释兵权”的冷酷，“煮酒论英雄”的阴险，“对酒当歌，人生几何”的感慨，“举杯邀明月”的洒脱，“酒逢知己千杯少”的快乐，“独酌无相亲”的孤独和失落等诸多复杂情绪。从古至今，酒成了文人墨客创作的重要条件之一，不仅成为文学作品的题材，也成了创作的佐料、引子和添加剂，并因此成就了千古佳作。曹操“何以解忧，唯有杜康”；李白“古来圣贤皆寂寞，惟有饮者留其名”；杜甫“李白斗酒诗百篇，长安市上酒家眠，天子呼来不上船，自称臣是酒中仙”；苏轼“明月几时有，把酒问青天”；晏殊“一曲新词酒一杯”等都

成为中国文学史上名篇佳作。在中国文化特有的绘画和书法艺术中，因酒演绎成不少生动鲜活故事。郑板桥的字画轻易得不到，于是求画者拿狗肉与美酒款待，在郑板桥醉意中求字画即可如愿；“吴带当风”的画圣吴道子，作画前必酣饮大醉方可动笔，醉后为画，挥毫立就；“元四家”中的黄公望也是“酒不醉，不能画”；“书圣”王羲之醉时挥毫而就《兰亭集序》，“遒媚劲健，绝代所无”，乃至酒醒“更书数十本，终不能及之”；“草圣”张旭“每大醉，呼叫狂走，乃下笔”，于是有其“挥毫落纸如云烟”的《古诗四帖》；竹林七贤与酒为伴或癫狂或佯醉游戏人生，创造出一批作品的同时又达成了个人目的；等等。在古代文学作品中也经常有描写酒的场景，使作品生动、传神、真实。武松醉酒打虎中“再筛一碗酒”，“筛”字就是今天过滤酒的筛子；曹操“煮酒论英雄”中的“煮”字就是说古代的酒须煮熟；李白斗酒诗百篇中的“斗”是古容器量词。这些对于表现古人生产、生活方式，对于表现当时的社会现实，对于增强作品的形象性、生动性、感染性都有一定作用。

在酒文化百花园中酒还代表其他意思。“古来圣贤皆寂寞，惟有饮者留其名”“自古真情留不住，唯有美酒得人心”“万丈红尘三杯酒，千秋大业一壶茶”，或赞誉、或感叹、或自慰、或浇仇等不一而足。世界之大，纷纷扰扰，一晃而过，不过尔尔。酒作为客观物质存在，它似一个变化多端的精灵，炽热如火，冷酷像冰。它能叫人超脱旷达、才华横溢，也能让人放浪形骸、无拘无束；它能叫人忘却人世痛苦忧愁；也能让人肆无忌惮、沉沦到深渊；它既能使人丢掉面具、原形毕露、口吐真言，也能使人口无遮拦，前言不搭后语，戏语连篇。正由于此，人们经常把酒场当没有硝烟的战场，犹如鸿门宴；也有把酒场当情场，不论是故旧新友都能以酒为润滑剂疏通情感；也有把酒场当商场的，推杯换盏后，感情热络生意谈成。从这些角度说，酒不是酒，是气氛、真诚、情绪、情怀、盛情等感情状态的宣泄，是狡诈、阴险、老谋深算等情绪状况的隐藏，是决斗战场的转移，是商场利益的腾挪，是情场感情的延续。正由于此，酒和酒场千百年来一直受人追捧、受人喜爱，乐此不疲。

用心品红枣酒，用心体会方能感受到千姿百态的生活，从而领悟人生真谛。红枣酒初喝时微酸，继而又涌来阵阵香甜、醇厚而使人回味无穷。酸麻的幻觉犹如扑朔迷离的虚幻场景，甘美醇厚的酒香又像付出获得回报后的愉悦人生。过程就像一个人的经历一样。初时倍感艰辛艰难艰苦，生活的滋味实在酸苦，但经过努力，战胜了重重困难，感觉生活有滋有味，再次回想余味无穷。

后 记

抱着为枣农解忧的简单朴素想法，欲寻找方法增加销售，不承想一发不可收，竟研究起红枣来了，而且深入到红枣背后所蕴藏的文化方面。更没有想到的是，把这个萌芽尚未成熟的想法和山西阳府井实业集团、红枣研究专家贺荣平、山西木枣精华集团、河南好想你集团等沟通后，得到他们的认可和支持。山西阳府井实业集团是以房地产起家，集餐饮酒店、超市零售、电商平台、教育培训、文化旅游等多元化的综合性经营实体。按道理，他们与红枣关系不大，原估计不会对此感兴趣。但集团领导总有一种责任和使命萦绕心头，老想替枣农想办法解决销售问题，替政府分担忧愁，为精准脱贫尽力。他们在临县的偏僻枣区流转1.5万余亩红枣林地，科学管理，提质增效，解决了300余户枣农就业，同时延伸链条、多方面加工，形成红枣产品链，满足了不同消费者，提高了红枣销售量。枣饮、枣茶、陈枣、枣木饰品、枣酒、枣浑酒、枣芽茶等荷载着满满红枣文化的小商品，通过阳府井农特亨电商平台，进入了千家万户的大市场，“红枣宴”佳肴也推向节日市场。“红枣宴”以其特有的文化元素被婚庆餐饮市场所青睐！山西木枣精华集团是研究红枣深加工的先行者，他们在挖掘红枣功能、提供纯天然保健品、解决城市亚健康人群方面着力攻关，研究相当深入，产品还打入了北京等大市场，目前在大力网罗人才，欲提取红枣中的环磷酸腺苷，力求在高附加值、高科技含量的高端产品研究上取得突破。柳林达滋食品有限责任公司依托本地母枣资源优势，生产出不少市场喜欢的好产品。采用“公司＋基地＋农户＋网店”经营模式，与京东等门户网站对接，利用线上销售，使小商品走向大市场，增加了销售，产品行销国内外，“达滋”品牌也成为山西省著名品牌。红枣第一上市企业，河南好想你集团，在红枣领域深耕多年，以红枣文化为灵魂，延伸拓展了红枣产品，深得消费者认可。红枣研究专家贺荣平一腔热血造福乡里，潜心多年卓有成效研究开发出不少市场叫好的产品来。本书用文化视野观察红枣，在历史纵深中探寻红枣，目的是让消费者在文化氛围中自觉消费红枣。我的这些想法深得原临县红枣管理领导刘平贵、秦聪明、高翠峰等认同，提出了些思路和建议，使我深受启发。中共山西省委宣传部副部长、文明办主任张峻，山西文物局党组书记、局长刘润民，山西省社会科学院原院长李中元，中共吕梁市委常委、秘书长、统战部部长乔晓峰，吕梁市人大原主任刘明勇，吕梁市人大副主任孙晋军、刘凯、张建国，吕梁市政协副主席、中共临县县委书记李双会等都给予肯定和鼓励；市委宣传部、市农业农村局、市文化局、市党史办（史志办）、市农校等单位给予大力支持。武乡县人民政府县长阎新平、石楼县人民政府县长陈浩、离石区人民政府区长张海文、吕梁市农业农村局局长陈林强提供资料，诠释红枣文化，使我受到很大启示。山西省社会科学院历史所所长高春平、中国红枣文化研究中心主任杨平、理事李素荣，清华大学教授陈同创，陕北民俗专家郭冰庐、著名新媒体人士刘继兴也指点迷津。我的同学张峰从旁观者角度给予了很专业的意见。中央传媒大学教授王杰文、河北农大

教授刘孟军、石楼人大常委会副主任宋小泉等拨冗作序。考古硕士樊娇凤、红枣专家贺荣平分别通览上、下编，提出修改意见。王卫斌、雒晓利贺丰等同志也提出不少好的建议，刘生锋、王磊提供图片。还有好多不知名人士，我通过网上渠道搜寻得到相关资料，以文字、图片形式出现在本书中，尽管多方寻找，希望得到引用线索，但最终无果，只能匿名出现。本书属公益类学术性图书，以非赢利为目的。出版社的同人悉心编辑、校对，给予了无私帮助，在此一并感谢。

红枣文化研究刚刚起步，加之本人水平有限，难免有疏漏和讹误，但抱着抛砖引玉心态，冒昧成书，恳请与有志于红枣文化研究者共同沟通交流、借鉴学习，以期达到为枣区、老区、贫困地区增加销售、提高收入的目的！